BIBLIOTHÈQUE CHRÉTIENNE

DE L'ADOLESCENCE ET DU JEUNE AGE

Publiée avec approbation

de Monseigneur l'Evêque de Limoges

LES PERROQUETS. — LE KAKATOES.

CABINET

DU

NATURALISTE

OU

BUFFON DE LA JEUNESSE

—

CHOIX

DES PASSAGES LES PLUS REMARQUABLES DE CET AUTEUR

SOUS LE RAPPORT DES PENSÉES ET DU STYLE

recueillis ;

Par Mme Dufresnoy.

LIMOGES	PARIS
F. F. ARDANT FRÈRES,	F. F. ARDANT FRÈRES,
rue des Taules.	25, quai des Augustins.

DISCOURS

DE RÉCEPTION A L'ACADÉMIE FRANÇAISE

Le 25 août 1753.

MESSIEURS, vous m'avez comblé d'honneur en m'appelant à vous ;
mais la gloire n'est un bien qu'autant qu'on en est digne ; et je ne me
persuade pas que quelques essais écrits sans art, et sans autre ornement que celui de la nature, soient des titres suffisants pour oser
prendre place parmi les maitres de l'art, parmi les hommes éminents
qui représentent ici la splendeur littéraire de la France, et dont les
noms, célébrés anjourd'hui par la voix des nations, retentiront avec
éclat dans la bouche de nos derniers neveux. Vous avez eu, Messieurs,
d'autres motifs en jetant les yeux sur moi ; vous avez voulu donner
à l'illustre compagnie (1) à laquelle j'ai l'honneur d'appartenir depuis
longtemps une nonvelle marque de considération : ma reconnaissance, quoique partagée, n'en sera pas moins vive. Mais comment
satisfaire au devoir qu'elle m'impose ? je n'ai, Messieurs, à vous offrir
que votre propre bien : ce sont quelques idées sur le style que j'ai
puisées dans vos ouvrages ; c'est en vous lisant, c'est en vous admirant, qu'elles ont été conçues ; c'est en les soumettant à vos lumières
qu'elles se produiront avec quelque succès.

Il s'est trouvé dans tous les temps des hommes qui ont su commander aux autres par la puissance de la parole. Ce n'est néanmoins que
dans les siècles éclairés que l'on a bien écrit et bien parlé. La véritable éloquence suppose l'exercice du génie et la culture de l'esprit.
Elle est bien différente de cette facilité naturelle de parler, qui n'est
qu'un talent, une qualité accordée à tous ceux dont les passions sont
fortes, les organes souples et l'imagination prompte. Ces hommes sentent vivement, s'affectent de même, le marquent fortement au-dehors ;

---

(1) L'Académie royale des Sciences. M. Buffon y avait été reçu, en 1733, dans
la classe de mécanique.

et, par une impression purement mécanique, ils transmettent aux autres leur enthousiasme et leurs affections. C'est le corps qui parle au corps : tous les mouvements, tous les signes concourent et servent également. Que faut-il pour émouvoir la multitude et l'entraîner ? que faut-il pour ébranler la plupart même des autres hommes et les persuader ? un ton véhément et pathétique, des gestes expressifs et fréquents, des paroles rapides et sonnantes ; mais pour le petit nombre de ceux dont la tête est ferme, le goût délicat et le sens exquis, et qui, comme vous, Messieurs, comptent pour peu le ton, les gestes et le vain son des mots, il faut des choses, des pensées, des raisons ; il faut savoir les présenter, les nuancer : il ne suffit pas de frapper l'oreille et d'occuper les yeux ; il faut agir sur l'âme, et toucher le cœur en parlant à l'esprit.

Le style n'est que l'ordre et le mouvement qu'on met dans ses pensées. Si on les enchaîne étroitement, si on les serre, le style devient nerveux, ferme et concis ; si on les laisse se succéder lentement, et ne se joindre qu'à la faveur des mots, quelque élégants qu'ils soient, le style devient diffus, lâche et traînant.

Mais avant de chercher l'ordre dans lequel on présentera ses pensées, il faut s'en être fait un autre plus général et plus fixe, où ne doivent entrer que les premières vues et les principales idées : c'est en marquant leur place sur ce premier plan qu'un sujet sera circonscrit et que l'on en connaîtra l'étendue ; c'est en se rappelant sans cesse ces premiers linéaments, qu'on en déterminera les justes intervalles qui séparent les idées principales, et qu'il naîtra des idées accessoires et moyennes qui serviront à les remplir. Par la force du génie, on se représentera toutes les idées générales et particulières sous leur véritable point de vue ; par une grande finesse de discernement, on distinguera les pensées stériles des idées fécondes ; par la sagacité que donne la grande habitude d'écrire, on sentira d'avance quel sera le produit de toutes ces opérations de l'esprit. Pour peu que le sujet soit vaste ou compliqué, il est bien rare qu'on puisse l'embrasser d'un coup d'œil ou le pénétrer en entier d'un seul et premier effort de génie ; et il est rare encore qu'après bien des réflexions on en saisisse tous les rapports. On ne peut donc trop s'en occuper ; c'est même le seul moyen d'affermir, d'étendre et d'élever ses pensées : plus on leur donnera de substance et de force par la méditation, plus il sera facile ensuite de les réaliser par l'expression.

Ce plan n'est pas encore le style, mais il en est la base : il le soutient, il le dirige, il règle son mouvement, et le soumet à des lois : sans cela, le meilleur écrivain s'égare, sa plume marche sans guide, et jette à l'aventure des traits irréguliers et des figures discordantes. Quelque brillantes que soient les couleurs qu'il emploie, quelques beautés qu'il sème dans les détails, comme l'ensemble choquera, ou ne se fera pas assez sentir, l'ouvrage ne sera point construit : et en admirant l'esprit de l'auteur, on pourra soupçonner qu'il manque de génie. C'est par cette raison que tous ceux qui écrivent comme ils parlent, quoiqu'ils parlent très bien, écrivent mal ; que ceux qui s'abandonnent au premier feu de leur imagination prennent un ton qu'ils ne peuvent soutenir : que ceux qui craignent de perdre des pensées isolées, fugitives, et qui écrivent en différents temps des morceaux détachés, ne les réunissent jamais sans transitions forcées ; qu'en un mot il y a tant d'ouvrages faits de pièces de rapport, et si peu qui soient fondus d'un seul jet.

Cependant tout sujet est un, et, quelque vaste qu'il soit, il peut être renfermé dans un seul discours. Les interruptions, les repos, les sections, ne devraient être d'usage que quand on traite des sujets différents, ou lorsque, ayant à parler de choses grandes, épineuses et disparates, la marche du génie se trouve interrompue par la multiplicité des obstacles, et contrainte par la nécessité des circonstances : autrement le grand nombre de divisions, loin de rendre un ouvrage plus solide, en détruit l'assemblage ; le livre paraît plus clair aux yeux, mais le dessein de l'auteur demeure obscur : il ne peut faire impression sur l'esprit du lecteur ; il ne peut même se faire sentir que par la continuité du fil, par la dépendance harmonique des idées, par un développement successif, une gradation soutenue, un mouvement uniforme que toute interruption détruit ou fait languir.

Pourquoi les ouvrages de la nature sont-ils si parfaits? c'est que chaque ouvrage est un tout, et qu'elle travaille sur un plan éternel dont elle ne s'écarte jamais : elle prépare en silence les germes de ses productions ; elle ébauche, par un acte unique, la forme primitive de tout être vivant ; elle la développe, elle la perfectionne par un mouvement continu et dans un temps prescrit. L'ouvrage étonne ; mais c'est l'empreinte divine dont il porte les traits qui doit nous frapper. L'esprit humain ne peut rien créer ; il ne produira qu'après avoir été fécondé par l'expérience et la méditation ; ces connaissances sont les germes de ses productions : mais, s'il imite la nature dans sa marche et dans son travail ; s'il s'élève par la contemplation aux vérités les plus sublimes ; s'il les réunit, s'il les enchaîne, s'il en forme un tout, un système par la réflexion, il établira sur des fondements inébranlables des monuments immortels.

C'est faute de plan, c'est pour n'avoir pas assez réfléchi sur son objet, qu'un homme d'esprit se trouve embarrassé, et ne sait par où commencer à écrire. Il aperçoit à la fois un grand nombre d'idées ; et, comme il ne les a ni comparées ni subordonnées, rien ne le détermine à préférer les uns aux autres ; il demeure donc dans la perplexité : mais lorsqu'il se sera fait un plan, lorsqu'une fois il aura rassemblé et mis en ordre toutes les pensées essentielles à son sujet, il s'apercevra aisément de l'instant auquel il doit prendre la plume ; il sentira le point de maturité de la production de l'esprit, il sera pressé de la faire éclore : il n'aura même que du plaisir à écrire ; les idées se succéderont aisément, et le style sera naturel et facile ; la

chaleur naîtra de ce plaisir, se répandra partout, et donnera la vie à
à chaque expression ; tout s'animera de plus en plus, le ton s'élè-
vera, les objets prendront de la couleur, et le sentiment, se joignant
à la lumière, l'augmentera, le portera plus loin, le fera passer de ce
qu'on va dire, et le style deviendra intéressant et lumineux.

Rien ne s'oppose plus à la chaleur que le désir de mettre partout
des traits saillants ; rien n'est plus contraire à la lumière, qui doit
faire un corps et se répandre uniformément dans un écrit, que ces
étincelles qu'on ne tire que par force en choquant les mots les uns
contre les autres, et qui ne nous éblouissent pendant quelques instants
que pour nous laisser ensuite dans les ténèbres. Ce sont des pensées
qui ne brillent que par l'opposition : l'on ne présente qu'un côté de
l'objet, on met dans l'ombre toutes les autres faces ; et ordinairement
ce côté qu'on choisit est une pointe, un angle sur lequel on fait jouer
l'esprit avec d'autant plus de facilité qu'on l'éloigne davantage des
grandes faces sous lesquelles le bon sens a coutume de considérer
les choses.

Rien n'est encore plus opposé à la véritable éloquence que l'emploi de ces pensées fines, et la recherche de ces idées légères, déliées, sans consistance, et qui, comme la feuille de métal battu, ne
prennent de l'éclat qu'en perdant de la solidité. Aussi, plus on mettre
de cet esprit mince et brillant dans un écrit, moins il aura de nerf, de
lumière, de chaleur et de style, à moins que cet esprit ne soit lui-
même le fond du sujet, et que l'écrivain n'ait pas eu d'autre objet que
la plaisanterie : alors l'art de dire de petites choses devient peut-être
plus difficile que l'art d'en dire de grandes.

Rien n'est plus opposé au beau naturel que la peine qu'on se donne
pour exprimer des choses ordinaires ou communes d'une manière
singulière ou pompeuse ; rien ne dégrade plus l'écrivain. Loin de
l'admirer, on le plaint d'avoir passé tant de temps à faire de nouvelles combinaisons de syllabes pour ne dire que tout ce que le monde
dit. Ce défaut est celui des esprits cultivés, mais stériles : ils ont des
mots en abondance, point d'idées ; ils travaillent donc sur les mots,
et s'imaginent avoir combiné des idées parce qu'ils ont arrangé des
phrases, et avoir épuré le langage quand ils l'ont corrompu en détournant les acceptions. Ces écrivains n'ont point de style ; ou, si l'on
veut, ils n'en ont que l'ombre. Le style doit graver des pensées ; ils
ne savent que tracer des paroles.

Pour bien écrire, il faut donc posséder pleinement son sujet : il
faut y réfléchir assez pour voir clairement l'ordre de ses pensées, et
en former une suite, un chaîne continue, dont chaque point représente
une idée ; et lorsqu'on aura pris la plume, il faudra la conduire successivement sur ce premier trait, sans lui permettre de s'en écarter,
sans l'appuyer trop inégalement, sans lui donner d'autre mouvement
que celui qui sera déterminé par l'espace qu'elle doit parcourir. C'est

en cela que consiste la sévérité du style ; c'est aussi ce qui en fera l'unité et qui en réglera la rapidité, et cela seul aussi suffira pour le rendre précis et simple, égal et clair, vif et suivi. A cette première règle dictée par le génie, si l'on joint de la délicatesse et du goût, du scrupule sur le choix des expressions, de l'attention à ne nommer les choses que par les termes les plus généraux, le style aura de la noblesse. Si l'on y joint encore de la défiance pour son premier mouvement, du mépris pour tout ce qui n'est que brillant, et une répugnance constante pour l'équivoque et la plaisanterie, le style aura de la grandeur, il aura même de la majesté. Enfin, si l'on écrit comme l'on pense, si l'on est convaincu de ce que l'on veut persuader, cette bonne foi avec soi-même, qui fait la bienséance pour les autres et la vérité du style, lui fera produire tout son effet, pourvu que cette persuasion intérieure ne se marque pas par un enthousiasme trop fort, et qu'il y ait partout plus de candeur que de confiance, plus de raison que de chaleur.

C'est ainsi, Messieurs, qu'il me semblait, en vous lisant, que vous me parliez, que vous m'instruisiez. Mon âme, qui recueillait avec avidité ces oracles de la sagesse, voulait prendre l'essor et s'élever jusqu'à vous. Vains efforts ! Les règles, disiez-vous encore, ne peuvent suppléer au génie ; s'il manque, elles seront inutiles. Bien écrire, c'est tout à la fois bien penser, bien sentir et bien rendre ; c'est avoir en même temps de l'esprit, de l'âme et du goût. Le style suppose la réunion et l'exercice de toutes les facultés intellectuelles : les idées seules forment le fond du style ; l'harmonie des paroles n'en est que l'accessoire, et ne dépend que de la sensibilité des organes. Il suffit d'avoir un peu d'oreille pour éviter les dissonnances, et de l'avoir exercée, perfectionnée par la lecture des poètes et des orateurs, pour que mécaniquement on soit porté à l'imitation de la cadence poétique et des tours oratoires. Or, jamais l'imitation n'a rien créé : aussi cette harmonie des mots ne fait ni le fond ni le ton du style, et se trouve souvent dans des écrits vides d'idées.

Le ton n'est que la convenance du style à la nature du sujet : il ne doit jamais être forcé ; il naîtra naturellement du fond même de la chose, et dépendra beaucoup du point de généralité auquel on aura porté ses pensées. Si l'on s'est élevé aux idées les plus générales, et si l'objet en lui-même est grand, le ton paraîtra s'élever à la même hauteur ; et si, en le soutenant à cette élévation, le génie fournit assez pour donner à chaque objet une forte lumière, si l'on peut ajouter la beauté du coloris à l'énergie du dessin, si l'on peut, en un mot, représenter chaque idée par une image vive et bien terminée, et former de chaque suite d'idées un tableau harmonieux et mouvant, le ton sera non-seulement élevé, mais sublime.

Ici, Messieurs, l'application ferait plus que la règle ; les exemples instruiraient mieux que les préceptes : mais comme il ne m'est pas permis de citer les morceaux sublimes qui m'ont si souvent transporté en lisant vos ouvrages, je suis contraint de me borner à des réflexions. Des ouvrages bien écrits seront les seuls qui passeront à la postérité. La quantité des connaissances, la singularité des faits, la nouveauté même des découvertes, ne sont pas de sûrs garants de l'immortalité : si les ouvrages qui les contiennent ne roulent que sur de petits objets, s'ils sont écrits sans goût, sans noblesse et sans génie, ils périront, parce que les connaissances, les faits et les découvertes s'enlèvent aisément, se transportent, et gagnent même à être mis en œuvre par des mains plus habiles. Ces choses sont hors de l'homme ; le style est l'homme même. Le style ne peut donc ni s'enlever, ni se transporter, ni s'altérer : s'il est élevé, noble, sublime, l'auteur sera également admiré dans tous les temps ; car il n'y a que la vérité qui soit durable, et même éternelle. Or un beau style n'est tel en effet que par le nombre infini des vérités qu'il présente. Toutes les beautés intellectuelles qui s'y trouvent, tous les rapports dont il est composé, sont autant de vérités aussi utiles et peut-être plus précieuses pour l'esprit humain que celles qui peuvent faire le fond du sujet.

Le sublime ne peut se trouver que dans les grands sujets. La poésie, l'histoire et la philosophie ont toutes le même objet, et un très grand objet, l'homme et la nature. La philosophie décrit et dépeint la nature ; la poésie la peint et l'embellit ; elle peint aussi les hommes, elle les exagère ; elle crée les héros et les dieux : l'histoire ne peint que l'homme, et le peint tel qu'il est ; ainsi le ton de l'historien ne deviendra sublime que quand il fera le portrait des plus grands hommes, quand il exposera les plus grandes actions, les plus grands mouvements, les plus grandes révolutions ; et partout ailleurs il suffira qu'il soit majestueux et grave. Le ton du philosophe pourra devenir sublime toutes les fois qu'il parlera des lois de la nature, des êtres en général, de l'espace, de la matière, du mouvement et du temps, de l'âme, de l'esprit humain, des sentiments, des passions ; dans le reste, il suffira qu'il soit noble et élevé. Mais le ton de l'orateur et du poète, dès que le sujet est grand, doit toujours être sublime, parce qu'ils sont les maîtres de joindre à la grandeur de leur sujet autant de couleur, autant de mouvement, autant d'illusion qu'il leur plaît, et que, devant toujours agrandir les objets, ils doivent aussi partout employer toute la force et déployer toute l'étendue de leur génie.

CABINET

DU NATURALISTE.

DE LA NATURE.

ʃ La nature est le système des lois établies par le
Créateur pour l'existence des choses et pour la succession des êtres. La nature n'est pas une chose, car cette
chose serait tout : la nature n'est point un être, car cet
être serait Dieu ; mais on peut la considérer comme une
puissance vive, immense, qui embrasse tout, qui anime
tout, et qui, subordonnée à celle du premier Etre, n'a
commencé d'agir que par son ordre, et n'agit encore que
par son concours ou son consentement. Cette puissance
est de la puissance divine la partie qui se manifeste ;
c'est en même temps la cause et l'effet, le mode et la
substance, le dessin et l'ouvrage : bien différente de
l'art humain, dont les productions ne sont que des ouvrages morts, la nature est elle-même un ouvrage perpétuellement vivant, un ouvrier sans cesse actif, qui sait

tout employer, qui, travaillant d'après soi-même, toujours sur le même fonds, bien loin de l'épuiser, le rend inépuisable : le temps, l'espace et la matière sont ses moyens, l'univers son objet, le mouvement et la vie son but.

Les effets de cette puissance sont les phénomènes du monde ; les ressorts qu'elle emploie sont des forces vives, que l'espace et le temps ne peuvent que mesurer et limiter sans jamais les détruire ; des forces qui se balancent, qui se confondent, qui s'opposent sans pouvoir s'anéantir : les unes pénètrent et transportent les corps, les autres les échauffent et les animent ; l'attraction et l'impulsion sont les deux principaux instruments de l'action de cette puissance sur les corps bruts ; la chaleur et les molécules organiques vivantes sont les principes actifs qu'elle met en œuvre pour la formation et le développement des êtres organisés.

NATURE BRUTE.

La nature est le trône extérieur de la magnificence divine ; l'homme qui la contemple, qui l'étudie, s'élève par degrés au trône intérieur de la toute-puissance ; fait pour adorer le Créateur, il commande à toutes les créatures ; vassal du ciel, roi de la terre, il l'ennoblit, la peuple et l'enrichit ; il établit entre les êtres vivants l'ordre, la subordination, l'harmonie ; il embellit la nature même, il la cultive, l'étend et la polit, en élague le chardon et la ronce, y multiplie le raisin et la rose. Voyez ces plages désertes, ces tristes contrées où l'homme n'a jamais résidé : couvertes, ou plutôt hérissées de bois épais et noirs dans toutes les parties élevées, des arbres sans écorce et sans cîme, courbés, rompus, tombant de vétusté ; d'autres, en plus grand nombre, gisant au pied des premiers, pour pourrir sur des monceaux déjà pourris, étouffent, ensevelissent les germes prêts à éclore. . La nature, qui partout ailleurs brille par sa jeunesse, paraît ici dans la décrépitude ; la terre, surchargée par le poids, surmontée par les débris de ses productions, n'offre, au lieu d'une verdure florissante, qu'un espace encombré, traversé de vieux arbres chargés de plantes parasites, de lichens, d'agarics, fruits impurs de la corruption : dans toutes les parties basses, des eaux mortes et croupissantes faute d'être conduites et dirigées ; des terrains fangeux qui, n'étant ni solides, ni liquides, sont inabordables et demeurent également inutiles aux habitants de la terre et des eaux ; des marécages qui, couverts de plantes aquatiques et fétides, ne nourrissent que des insectes venimeux et servent de repaire aux animaux immondes.

Entre ces marais infects qui occupent les lieux bas et les forêts décrépites qui couvrent les terres élevées, s'étendent des espèces de landes, des savanes qui n'ont rien de commun avec nos prairies : les mauvaises herbes y surmontent, y étouffent les bonnes ; ce n'est point ce gazon fin qui semble faire le duvet de la terre, ce n'est point cette pelouse émaillée qui annonce sa brillante fécondité : ce sont des végétaux agrestes, des herbes dures, épineuses, entrelacées les unes dans les autres, qui semblent moins tenir à la terre qu'elles ne tiennent entre elles, et qui, se desséchant et repoussant successivement les unes sur les autres, forment une bourre grossière, épaisse de plusieurs pieds. Nulle route, nulle communication, nul moyen d'intelligence dans ces lieux sauvages : l'homme, réduit de suivre les sentiers de la bête farouche s'il veut les parcourir, contraint de veiller sans cesse pour éviter d'en devenir la proie, effrayé de leurs rugissements, saisi du silence même de

ces profondes solitudes, il rebrousse chemin, et dit :
La nature brute est hideuse et mourante ; c'est moi,
moi seul qui peux la rendre agréable et vivante : des-
séchons ces marais, animons ces eaux mortes en les faisant couler, formons-en des ruisseaux, des canaux ;
employons cet élément actif et dévorant qu'on nous
avait caché, et que nous ne devons qu'à nous-mêmes ;
mettons le feu à cette bourre superflue, à ces vieilles
forêts déjà à demi consommées ; achevons de détruire
par le fer ce que le feu n'aura pu consumer. Bientôt,
au lieu du jonc, du nénuphar, dont le crapaud compo-
sait son venin, nous verrons paraître la renoncule, le
trèfle, les herbes douces et salutaires ; des troupeaux
d'animaux bondissants fouleront cette terre jadis im-
praticable : ils y trouveront une subsistance abondante,
une pâture toujours renaissante ; ils se multiplieront
pour se multiplier encore. Servons-nous de ces nouveaux aides pour achever notre ouvrage ; que le bœuf
soumis au joug emploie ses forces et le poids de sa
masse à sillonner la terre ; qu'elle rajeunisse par la culture ; une nature nouvelle va sortir de nos mains.

NATURE CULTIVÉE.

Qu'elle est belle cette nature cultivée ! que par les
soins de l'homme elle est brillante et pompeusement
parée ! Il en fait lui-même le principal ornement ; il en
est la production la plus noble ; en se multipliant, il y
multiplie le germe le plus précieux ; elle-même aussi
semble se multiplier avec lui : il met au jour par son
art tout ce qu'elle recélait dans son sein. Que de tré-
sors ignorés, que de richesses nouvelles ! Les fleurs, les
fruits, les grains perfectionnés, multipliés à l'infini ;
les espèces utiles d'animaux transportées, propagées,

augmentées sans nombre ; les espèces nuisibles réduites, confinées, reléguées ; l'or, et le fer, plus nécessaire que l'or, tirés des entrailles de la terre ; les torrents contenus, les fleuves dirigés, resserrés ; la mer même soumise, reconnue, traversée d'un hémisphère à l'autre ; la terre accessible partout, partout rendue aussi vivante que féconde ; dans les vallées de riantes prairies, dans les plaines de riches pâturages ou des moissons encore plus riches ; les collines chargées de vignes et de fruits, leurs sommets couronnés d'arbres utiles et de jeunes forêts ; les déserts devenus des cités habitées par un peuple immense, qui, circulant sans cesse, se répand de ses centres jusqu'aux extrémités ; des routes ouvertes et fréquentées, des communications établies partout, comme autant de témoins de la force et de l'union de la société ; mille autres monuments de puissance et de gloire démontrent assez que l'homme, maître du domaine de la terre, en a changé, renouvelé la surface entière, et que de tout temps il partage l'empire avec la nature.

NATURE DÉGÉNÉRÉE.

Cependant il ne règne que par droit de conquête ; il jouit plutôt qu'il ne possède, il ne conserve que par des soins toujours renouvelés. S'ils cessent, tout languit, tout s'altère, tout change, tout rentre sous la main de la nature : elle reprend ses droits, efface les ouvrages de l'homme, couvre de poussière et de mousse ses plus fastueux monuments, les détruit avec le temps, et ne lui laisse que le regret d'avoir perdu par sa faute ce que ses ancêtres avaient conquis par leurs travaux. Ces temps où l'homme perd son domaine, ces siècles de barbarie pendant lesquels tout périt, sont toujours préparés par la guerre, et arrivent avec la disette et la dépopulation.

L'homme, qui ne peut que par le nombre, qui n'est fort que par la réunion, qui n'est heureux que par la paix, a la fureur de s'armer pour son malheur et de combattre pour sa ruine : excité par l'insatiable avidité, aveuglé par l'ambition encore plus insatiable, il renonce aux sentiments d'humanité, tourne toutes ses forces contre lui-même, cherche à s'entre-détruire, se détruit en effet, et après ces jours de sang et de carnage, lorsque la fumée de la gloire s'est dissipée, il voit d'un œil triste la terre dévastée, les arts ensevelis, les nations dispersées, les peuples affaiblis, son propre bonheur ruiné, et sa puissance réelle anéantie.

REPRODUCTION DE LA NATURE.

La surface de la terre, parée de sa verdure, est le fonds inépuisable et commun duquel l'homme et les animaux tirent leur subsistance ; tout ce qui a vie dans la nature vit sur ce qui végète, et les végétaux vivent à leur tour des débris de tout ce qui a vécu et végété : pour vivre il faut détruire, et ce n'est en effet qu'en détruisant des êtres que les animaux peuvent se nourrir et se multiplier. Dieu, en créant les premiers individus de chaque espèce d'animal et de végétal, a non-seulement donné la forme à la poussière de la terre, mais il l'a rendue vivante et animée, en renfermant dans chaque individu une quantité plus ou moins grande de principes actifs, de molécules organiques vivantes, indestructibles, et communes à tous les êtres organisés : ces molécules passent de corps en corps, et servent également à la vie actuelle et à la continuation de la vie, à la nutrition, à l'accroissement de chaque individu ; et après la dissolution du corps, après sa destruction, sa réduction en cendres, ces molécules organiques, sur

lesquelles la mort ne peut rien, survivent, circulent dans
l'univers, passent dans d'autres êtres, et y portent la
nourriture et la vie : toute production, tout renouvellement, tout accroissement par la génération, par la
nutrition, par le développement, supposent donc une
destruction précédente, une conversion de substance,
un transport de ces molécules organiques qui ne se multiplient pas, mais qui, subsistant toujours en nombre
égal, rendent la nature toujours également vivante, la
terre également peuplée, - et toujours également res-
plendissante de la première gloire de celui qui l'a
créée.

A prendre les êtres en général , le total de la quantité de vie est donc toujours le même ; et la mort, qui
semble tout détruire, ne détruit rien de cette vie primitive et commune à toutes les espèces d'êtres organisés : comme toutes les autres puissances subordonnées
et subalternes, la mort n'attaque que les individus, ne
frappe que la surface, ne détruit que la forme, ne peut
rien sur la matière, et ne fait aucun tort à la nature
qui n'en brille que davantage, qui ne lui permet pas
d'anéantir les espèces, mais la laisse moissonner les individus et les détruire avec le temps, pour se montrer
elle-même indépendante de la mort et du temps, pour
exercer à chaque instant sa puissance toujours active,
manifester sa plénitude par sa fécondité , et faire de
l'univers, en reproduisant, en renouvelant les êtres, un
théâtre toujours rempli, un spectacle toujours nouveau.

Pour que les êtres se succèdent, il est donc nécessaire qu'ils se détruisent entre eux ; pour que les animaux se nourrissent et subsistent, il faut qu'ils détruisent des végétaux ou d'autres animaux ; et comme avant
et après la destruction la quantité de vie reste toujours
la même, il semble qu'il devrait être indifférent à la

nature que telle ou telle espèce détruisît plus ou moins; cependant, comme une mère économe au sein même de l'abondance, elle a fixé des bornes à la dépense et prévenu le dégât apparent, en ne donnant qu'à peu d'espèces d'animaux l'instinct de se nourrir de chair; elle a même réduit à un assez petit nombre d'individus ces espèces voraces et carnassières, tandis qu'elle a multiplié bien plus abondamment et les espèces et les individus de ceux qui se nourrissent de plantes, et que dans les végétaux elle semble avoir prodigué les espèces, et répandu dans chacune avec profusion le nombre et la fécondité. L'homme a peut-être beaucoup contribué à seconder ses vues, à maintenir et même à établir cet ordre sur la terre; car dans la mer on retrouve cette indifférence que nous supposions : toutes les espèces sont presque également voraces, elles vivent sur elles-mêmes ou sur les autres, et s'entre-dévorent perpétuellement sans jamais se détruire, parce que la fécondité y est aussi grande que la déprédation, et que toute la nourriture, toute la consommation tourne au profit de la reproduction.

L'HOMME.

Tout marque dans l'homme, même à l'extérieur, sa supériorité sur tous les êtres vivants; il se soutient droit et élevé; son attitude est celle du commandement; sa tête regarde le ciel et présente une face auguste sur laquelle est imprimé le caractère de sa dignité; l'image de l'âme y est peinte par la physionomie ; l'excellence de sa nature perce à travers les organes matériels, et anime d'un feu divin les traits de son visage ; son port majestueux, sa démarche ferme et hardie, annoncent sa noblesse et son rang ; il ne touche à la terre que par ses extrémités les plus éloignées, il ne la voit que de loin, et semble la dédaigner ; les bras ne lui sont pas donnés pour servir de piliers d'appui à la masse de son corps, sa main ne doit pas fouler la terre, et perdre par des frottements réitérés la finesse du toucher dont elle est le principal organe ; le bras et la main sont faits pour servir à des usages plus nobles, pour exécuter les ordres de la volonté, pour saisir les choses éloignées, pour écarter les obstacles, pour prévenir les rencontres et le choc de ce qui pourrait nuire, pour embrasser et retenir ce qui peut plaire, pour le mettre à portée des autres sens.

Lorsque l'âme est tranquille, toutes les parties du visage sont dans un état de repos ; leur proportion, leur union, leur ensemble marquent encore assez la douce harmonie des pensées, et répondent au calme de l'intérieur ; mais lorsque l'âme est agitée, la face humaine devient un tableau vivant où les passions sont rendues avec autant de délicatesse que d'énergie, où chaque mouvement de l'âme est exprimé par un trait, chaque action par un caractère dont l'impression vive et prompte devance la volonté, nous décèle et rend au dehors par des signes pathétiques les images de nos secrètes agitations.

C'est surtout dans les yeux qu'elles se peignent et qu'on les peut reconnaître : l'œil appartient à l'âme plus qu'aucun autre organe ; il semble y toucher et participer à tous ses mouvements ; il en exprime les passions les plus vives et les émotions les plus tumultueuses, comme les mouvements les plus doux et les sentiments les plus délicats; il les rend dans toute leur pureté, tels qu'ils viennent de naître; il les transmet par des traits rapides qui portent dans une autre âme le feu, l'action, l'image de celle dont ils partent; l'œil reçoit et réfléchit en même temps la lumière de la pensée et la chaleur du sentiment; c'est l'esprit, et la langue de l'intelligence.

PREMIÈRES IMPRESSIONS DE L'HOMME.

Je me souviens de cet instant plein de joie et de trouble où je sentis pour la première fois ma singulière existence : je ne savais ce que j'étais, où j'étais, d'où je venais! La lumière, la voûte céleste, la verdure de la terre, le cristal des eaux, tout m'occupait, m'animait, et me donnait un sentiment inexprimable de plaisir. Je crus d'abord que tous ces objets étaient en moi, et faisaient partie de moi-même.

Je m'affermissais dans cette pensée naissante, lorsque je tournai les yeux vers l'astre de la lumière; son éclat me blessa : je fermai involontairement la paupière, et je sentis une légère douleur. Dans ce moment d'obscurité je crus avoir perdu tout mon être.

Affligé, saisi d'étonnement, je pensais à ce grand changement, quand tout-à-coup j'entendis des sons : le chant des oiseaux, le murmure des airs, formaient un concert dont la douce impression me remuait jusqu'au fond de l'âme; j'écoutai longtemps, et je me persuadai bientôt que cette harmonie était moi.

Attentif, occupé tout entier de ce nouveau genre d'existence, j'oubliais déjà la lumière, cette autre partie de mon être que j'avais connue la première, lorsque je rouvris les yeux. Quelle joie de me retrouver en possession de tant d'objets brillants ! Mon plaisir surpassa tout ce que j'avais senti la première fois, et suspendit pour un temps le charmant effet des sons.

Je fixai mes regards sur mille objets divers : je m'aperçus bientôt que je pouvais perdre et retrouver ces objets, et que j'avais la puissance de détruire et de reproduire à mon gré cette belle partie de moi-même ; et, quoiqu'elle me parût immense en grandeur, et par la quantité des accidents de lumière, et par la variété des couleurs, je crus reconnaître que tout était contenu dans une portion de mon être.

Je commençais à voir sans émotion et à entendre sans trouble, lorsqu'un air léger, dont je sentis la fraîcheur, m'apporta des parfums qui me causèrent un épanouissement intime, et me donnèrent un sentiment d'amour pour moi-même.

Agité par toutes ces sensations, pressé par les plaisirs d'une si belle et si grande existence, je me levai tout d'un coup, et je me sentis transporté par une force inconnue.

Je ne fis qu'un pas ; la nouveauté de ma situation me rendit immobile, ma surprise fut extrême ; je crus que mon existence fuyait. Le mouvement que j'avais fait avait confondu les objets ; je m'imaginais que tout était en désordre.

Je portai la main sur ma tête, je touchai mon front et mes yeux ; je parcourus mon corps ; ma main me parut être alors le principal organe de mon existence. Ce que je sentis dans cette partie était si distinct et si complet, la jouissance m'en paraissait si parfaite, en comparaison du plaisir que m'avaient causé la lumière et les sons, que je m'attachai tout entier à cette partie solide de mon être, et je sentis que mes idées prenaient de la profondeur et de la réalité.

Tout ce que je touchais sur moi semblait rendre sentiment, et chaque attouchement produisait dans mon âme une double idée.

Je ne fus pas longtemps sans m'apercevoir que cette faculté de sentir était répandue dans toutes les parties de mon être ; je reconnus bientôt les limites de mon existence qui m'avait paru d'abord immense en étendue.

J'avais jeté les yeux sur mon corps ; je le jugeais d'un volume énorme, et si grand, que tous les objets qui avaient frappé mes yeux ne me paraissaient, en comparaison, que des points lumineux.

Je m'examinai longtepms : je me regardais avec plaisir, je suivais ma main de l'œil, et j'observais ses mouvements. J'eus sur tout cela les idées les plus étranges ; je croyais que le mouvement de ma main n'était qu'une espèce d'existence fugitive, une succession de choses semblables ; je l'approchai de mes yeux : elle me parut alors plus grande que tout mon corps, et elle fit disparaître à ma vue un nombre infini d'objets.

Je commençai à soupçonner qu'il y avait de l'illusion dans cette sensation qui me venait par les yeux. J'avais vu distinctement que ma main n'était qu'une partie de mon corps, et je ne pouvais comprendre qu'elle fût augmentée au point de me paraître d'une grandeur démesurée. Je résolus donc de ne me fier qu'au toucher, qui ne m'avait pas encore trompé, et d'être en garde sur toutes les autres façons de sentir et d'être.

Cette précaution me fut utile : je m'étais remis en mouvement, et je marchais la tête haute et levée vers le ciel ; je me heurtai légèrement contre un palmier ; saisi d'effroi, je portai ma main sur ce corps étranger ;

je le jugeai tel, parce qu'il ne me rendit pas sentiment. Je me détournai avec une espèce d'horreur, et je connus, pour la première fois, qu'il y avait quelque chose hors de moi.

Plus agité par cette nouvelle découverte que je ne l'avais été par toutes les autres, j'eus peine à me rassurer ; et, après avoir médité sur cet événement, je conclus, que je devais juger des objets extérieurs comme j'avais jugé des parties de mon corps, et qu'il n'y avait que le toucher qui pût m'assurer de leur existence.

Je cherchais donc à toucher tout ce que je voyais ; je voulais toucher le soleil, j'étendais les bras pour embrasser l'horizon, et je ne trouvais que le vide des airs.

A chaque expérience que je sentais, je tombais de surprise en surprise ; car tous les objets paraissaient être également près de moi, et ce ne fut qu'après une infinité d'épreuves que j'appris à me servir de mes yeux pour guider ma main ; et, comme elle me donnait des idées toutes différentes des impressions que je recevais par le sens de la vue, mes sensations n'étaient point d'accord entre elles, mes jugements n'en étaient que plus imparfaits, et le total de mon être n'était encore pour moi-même qu'une existence en confusion.

Profondément occupé de moi, de ce que je pouvais être, les contrariétés que je venais d'éprouver m'humilièrent. Plus je réfléchissais, plus il se présentait de doutes. Lassé de tant d'incertitudes, fatigué des mouvements de mon âme, mes genoux fléchirent, et je me trouvai dans une position de repos. Cet état de tranquillité donna de nouvelles forces à mes sens.

J'étais assis à l'ombre d'un bel arbre ; des fruits d'une couleur vermeille descendaient en forme de grappe à la portée de ma main : je les touchai légèrement ; aussitôt ils se séparèrent de la branche, comme la figue s'en sépare dans le temps de sa maturité.

J'avais saisi un de ces fruits ; je m'imaginai avoir fait une conquête, et je me glorifiais de la faculté que je sentais de pouvoir contenir dans ma main un autre être tout entier. Sa pesanteur, quoique peu sensible, me parut une résistance animée que je me faisais un plaisir de vaincre. J'avais approché ce fruit de mes yeux ; j'en considérais la forme et les couleurs. Une odeur délicieuse me le fit approcher davantage ; il se trouva près de mes lèvres ; je tirais à longues aspirations le parfum, et je goûtais à longs traits les plaisirs de l'odorat. J'étais intérieurement rempli de cet air embaumé. Ma bouche s'ouvrit pour l'exhaler ; elle se rouvrit pour en reprendre ; je sentis que je possédais un odorat intérieur plus fin, plus délicat encore que le premier ; enfin je goûtai.

Quelle saveur ! Quelle nouveauté de sensation ! Jusque là je n'avais eu que des plaisirs ; le goût me donna le sentiment de la volupté. L'intimité de la jouissance fit naître l'idée de la possession. Je crus que la substance de ce fruit était devenue la mienne, et que j'étais le maître de transformer des êtres.

Flatté de cette idée de puissance, incité par le plaisir que j'avais senti, je cueillis un second et un troisième fruit, et je ne me lassais pas d'exercer ma main pour satisfaire mon goût ; mais une langueur agréable, s'emparant peu à peu de tous mes sens, appesantit mes membres et suspendit l'activité de mon âme. Je jugeai de mon inaction par la mollesse de mes pensées ; mes sensations émoussées arrondissaient tous les objets, et ne me présentaient que des images faibles et mal terminées. Dans cet instant, mes yeux, devenus inutiles, se fermèrent, et ma tête, n'étant plus soutenue par la force des muscles, pencha pour trouver un appui sur le gazon. Tout fut effacé, tout disparut. La trace de mes pensées fut interrompue, je perdis le sentiment de mon existence. Ce sommeil fut profond ; mais je ne sais s'il fut de longue durée, n'ayant point encore l'idée du temps, et ne pouvant le mesurer. Mon réveil ne fut qu'une seconde naissance, et je sentis seulement que j'avais cessé d'être. Cet anéantissement que je venais d'éprouver me donna quelque idée de crainte, et me fit sentir que je ne devais pas exister toujours.

J'eus une autre inquiétude : je ne savais si je n'avais laissé dans le sommeil quelque partie de mon être. J'essayai mes sens ; je cherchai à me reconnaître....

Dans cet instant, l'astre du jour, sur la fin de sa course, éteignit son flambeau. Je m'aperçus à peine que je perdais le sens de la vue ; j'existais trop pour craindre de cesser d'être, et ce fut vainement que l'obscurité où je me trouvai me rappela l'idée de mon premier sommeil.

LES SENS.

Les sens sont des espèces d'instruments dont il faut apprendre à se servir : celui de la vue, qui paraît être le plus noble et le plus admirable, est en même temps le plus illusoire ; ses sensations ne produiraient que des jugements faux, s'ils n'étaient à tout instant rectifiés par le témoignage du toucher ; celui-ci est le sens solide, c'est la pierre de touche et la mesure de tous les autres sens, c'est le seul qui soit absolument essentiel à l'animal, c'est lui qui est universel et qui est répandu dans toutes les parties de son corps : cependant le sens même n'est pas encore parfait dans l'enfant au moment de sa naissance : il donne, à la vérité, des signes de douleur par ses gémissements et ses cris; mais il n'a encore aucune expression pour marquer le plaisir : il ne commence à rire qu'au bout de quarante jours, et c'est aussi le temps auquel il commence à pleurer ; car auparavant les cris et les gémissements ne sont point accompagnés de larmes. Il ne paraît donc aucun signe des passions sur le visage du nouveau-né, les parties de la face n'ont pas même toute la consistance et tout le ressort nécessaire à cette espèce d'expression des sentiments de l'âme : toutes les autres parties du corps, encore faibles et délicates, n'ont que des mouvements incertains et mal assurés ; il ne peut se tenir debout, ses jambes et ses cuisses sont encore pliées par l'habitude qu'il a contractée dans le sein de sa mère ; il n'a pas la force d'étendre les bras ou de sentir quelque chose avec la main ; si on l'abandonnait, il resterait couché sur le dos sans pouvoir se retourner.

En réfléchissant sur ce que nous venons de dire, il paraît que la douleur que l'enfant ressent dans les premiers temps, et qu'il exprime par des gémissements, n'est qu'une sensation corporelle, semblable à celle des animaux qui gémissent aussi dès qu'ils sont nés, et que les sensations de l'âme ne commencent à se manifester qu'au bout de quarante jours ; car le rire et les larmes sont des produits de sensations intérieures, qui toutes deux dépendent de l'action de l'âme. La première est une émotion agréable qui ne peut naître qu'à la vue ou par le souvenir d'un objet connu, aimé et désiré ; l'autre est un ébranlement désagréable, mêlé d'attendrissement et de retour sur nous-mêmes : toutes deux sont des passions qui supposent des connaissances, des comparaisons et des réflexions ; aussi le rire et les pleurs sont-ils des signes particuliers à l'espèce humaine pour exprimer le plaisir ou la douleur de l'âme, tandis que les cris, les mouvements, et les autres signes des douleurs et des plaisirs du corps, sont communs à l'homme et à la plupart des animaux.

LA VUE.

Il est fort aisé de se convaincre que nous voyons réellement tous les objets doubles, quoique nous les jugions simples : il ne faut pour cela que regarder le même objet, d'abord avec l'œil droit ; on le verra correspondre à quelque point d'une muraille ou d'un plan que nous supposerons au-delà de l'objet : ensuite, en le regardant avec l'œil gauche, on verra qu'il correspond à un autre point de muraille ; et enfin, en le regardant des deux yeux, on le verra dans le milieu entre les deux points auxquels il correspondait auparavant. Ainsi il se forme une image dans chacun de nos yeux : nous voyons l'objet double, c'est-à-dire nous voyons une image de cet objet à droite et une image à gauche ; et nous le jugeons simple et dans le milieu, parce que nous avons rectifié par le sens du toucher cette erreur de la vue. De même, si l'on regarde des deux yeux deux objets qui soient à peu près dans la même direction par rapport à nous, en fixant ses yeux sur le premier, qui est le plus voisin, on le verra simple ; mais en même temps on verra double celui qui est le plus éloigné ; et au contraire, si l'on fixe ses yeux sur celui-ci, qui est le plus éloigné, on le verra simple, tandis qu'on verra double en même temps l'objet le plus voisin. Ceci prouve évidemment que nous voyons tous les objets doubles, quoique nous les jugions simples, et que nous les voyons où ils ne sont pas réellement, quoique nous les jugions où ils sont en effet. Si le sens du toucher ne rectifiait donc pas le sens de la vue dans toutes les occasions, nous nous tromperions sur la position des objets, sur leur nombre, et encore sur leur lieu ; nous les jugerions renversés, nous les jugerions doubles, et nous les jugerions à droite et à gauche du lieu qu'ils occupent réellement ; et si, au lieu de deux yeux, nous en avions cent, nous jugerions toujours les objets simples, quoique nous les vissions multipliés cent fois.

Il se forme donc dans chaque œil une image de l'objet ; et lorsque ces deux images tombent sur les parties de la rétine qui sont correspondantes, c'est-à-dire qui sont toujours affectées en même temps, les objets nous paraissent simples, parce que nous avons pris l'habitude de les juger tels ; mais si les images des objets tombent sur des parties de la rétine qui ne sont pas ordinairement affectées ensemble et en même temps, alors les objets nous paraissent doubles, parce que nous n'avons pas pris l'habitude de rectifier cette sensation qui n'est pas ordinaire ; nous sommes alors dans le cas d'un enfant qui commence à voir et qui juge en effet d'abord les objets doubles. Cheselden rapporte dans son *Anatomie*, page 324, qu'un homme étant devenu louche par l'effet d'un coup à la tête, vit les objets doubles pendant fort longtemps ; mais que, peu à peu, il vint à juger simples ceux qui lui étaient familiers, et qu'enfin, après bien du temps, il les jugea tous simples comme auparavant, quoique ses yeux eussent toujours la mauvaise disposition que le coup avait occasionnée. Cela ne prouve-t-il pas encore bien évidemment que nous voyons en effet les objets doubles, et que ce n'est que par l'habitude que nous les jugeons simples ? Et si l'on demande pourquoi il faut si peu de temps aux enfants pour apprendre à les juger simples, et qu'il en faut tant à des personnes avancées en âge, lorsqu'il leur arrive par accident de les voir doubles, comme dans l'exemple que je viens de citer, on peut répondre que les enfants n'ayant aucune habitude contraire à celles qu'ils acquièrent, il leur faut moins de temps pour rectifier leurs sensations ; mais que les personnes qui ont pendant vingt, trente ou quarante ans, vu les objets simples, parce qu'ils tombaient sur deux parties correspondantes de la rétine, et qui les voient doubles, parce qu'ils ne tombent plus sur ces mêmes parties, ont le désavantage d'une habitude contraire à celle qu'ils veulent acquérir, et qu'il faut peut-être un exercice de vingt, trante ou quarante ans pour effacer les traces de cette ancienne habitude de juger ; et l'on peut croire que, s'il arrivait à des gens âgés un changement dans la direction des axes optiques de l'œil, et qu'ils vissent les objets doubles, leur vie ne serait plus assez longue pour qu'ils pussent rectifier leur jugement en effaçant les traces de la première habitude, et que par conséquent ils verraient tout le reste de leur vie les objets doubles.

L'OUIE.

Comme le sens de l'ouïe a de commun avec celui de la vue de nous donner la sensation des choses éloignées, il est sujet à des erreurs semblables, et il doit nous tromper toutes les fois que nous ne pouvons pas rectifier par le toucher les idées qu'il produit. De la même façon que le sens de la vue ne nous donne aucune idée de la distance des objets, le sens de l'ouïe ne nous donne aucune idée de la distance des corps qui produisent le son : un grand bruit fort éloigné et un petit bruit fort voisin produisent la même sensation ; et, à moins qu'on n'ait déterminé la distance par les autres sens, on ne sait point si ce qu'on a entendu est en effet un grand ou un petit bruit.

Toutes les fois qu'on entend un son inconnu, on ne peut donc pas juger par ce son de la distance non plus que de la quantité d'action du corps qui le produit : mais, dès que nous pouvons rapporter ce son à une unité connue, c'est-à-dire dès que nous pouvons savoir que ce bruit est de telle ou telle espèce, nous pouvons juger alors à peu près non-seulement de la distance, mais encore de la quantité d'action ; par exemple, si l'on entend un coup de canon ou le son d'une cloche, comme ces effets sont des bruits qu'on peut comparer avec des bruits de même espèce qu'on a autrefois entendus, on pourra juger grossièrement de la distance à laquelle on se trouve du canon ou de la cloche, et aussi de leur grosseur, c'est-à-dire de la quantité d'action.

Tout corps qui en choque un autre produit un son ; mais ce son est simple dans les corps qui ne sont pas élastiques, au lieu qu'il se multiplie dans ceux qui ont du ressort. Lorsqu'on frappe une cloche ou un timbre de pendule, un seul coup produit d'abord un son qui se répète ensuite par les ondulations du corps sonore, et se multiplie réellement autant de fois qu'il y a d'oscillations ou de vibrations dans le corps sonore. Nous devrions donc juger ces sons, non pas comme simples, mais comme composés, si par habitude nous n'avions pas appris à juger qu'un coup ne produit qu'un son.

SENS DE L'HOMME ET DES ANIMAUX.

Les animaux ont les sens excellents; cependant ils ne les ont pas généralement tous aussi bons que l'homme, et il faut observer que les degrés d'excellence des sens suivent dans l'animal un autre ordre que dans l'homme. Le sens le plus relatif à la pensée et à la connaissance est le toucher : l'homme, comme nous l'avons prouvé, a ce sens plus parfait que les animaux. L'odorat est le sens le plus relatif à l'instinct, à l'appétit ; l'animal a ce sens infiniment meilleur que l'homme ; aussi l'homme doit plus connaître qu'appéter, et l'animal doit plus appéter que connaître. Dans l'homme, le premier des sens par excellence est le toucher, et l'odorat est le dernier ; cette différence est relative à la nature de l'un et de l'autre. Le sens de la vue ne peut avoir de sûreté et ne peut servir à la connaissance que par le secours du sens du toucher ; aussi le sens de la vue est-il plus imparfait, ou plutôt acquiert moins de perfection dans l'animal que dans l'homme. L'oreille, quoique peut-être aussi bien conformée dans l'animal que dans l'homme, lui est cependant beaucoup moins utile par le défaut de la parole, qui, dans l'homme, est une dépendance du sens de l'ouïe, un organe de communication, organe qui rend ce sens actif, au lieu que dans l'animal l'ouïe est un sens presque entièrement passif. L'homme a donc le toucher, l'œil et l'oreille plus parfaits, et l'odorat plus imparfait que l'animal : et comme le goût est un odorat intérieur et qu'il est encore plus relatif à l'appétit qu'aucun des autres sens, on peut croire que l'animal a aussi ce sens plus sûr et peut-être plus exquis que l'homme. On pourrait le prouver par la répugnance invincible que les animaux ont pour certains aliments, et par l'appétit naturel qui les porte à choisir, sans se tromper, ceux qui leur conviennent ; au lieu que l'homme, s'il n'était averti, mangerait le fruit du mancenillier comme la pomme, et la ciguë comme le persil.

INFLUENCE DU CLIMAT SUR LE PHYSIQUE.

La couleur de la peau, des cheveux et des yeux varie par la seule influence du climat ; les autres changements, tels que ceux de la taille, de la forme des traits et de la qualité des cheveux, ne me paraissent pas dépendre de cette seule cause; car, dans la race des nègres, lesquels, comme l'on sait, ont pour la plupart la tête couverte d'une laine crépue, le nez épaté, les lèvres épaisses, on trouve des nations entières avec de longs et vrais cheveux, avec des traits réguliers; et si l'on comparait dans la race des blancs le Danois au Calmouque, ou seulement le Finlandais au Lapon dont il est si voisin, on trouverait entre eux autant de différence pour les traits et la taille, qu'il y en a dans la race des noirs : par conséquent, il faut admettre, pour ces altérations qui sont plus profondes que les premières, quelques autres causes réunies à celles du climat. La plus générale et la plus directe est la qualité de la nourriture : c'est principalement par les aliments que l'homme reçoit l'influence de la terre qu'il habite; celle de l'air et du ciel agit plus superficiellement; et tandis qu'elle altère la surface la plus extérieure en changeant la couleur de la peau, la nourriture agit sur la forme intérieure par ses propriétés, qui sont constamment relatives à celles de la terre qui la produit. On voit dans le même pays des différences marquées entre les hommes qui occupent les hauteurs et ceux qui demeurent dans les lieux bas : les habitants de la montagne sont toujours mieux faits, plus vifs et plus beaux que ceux de la vallée; à plus forte raison dans les climats éloignés du climat primitif, dans les climats où les herbes, les fruits, les grains et la chair des animaux sont de qualité et même de substance différentes, les hommes qui s'en nourrissent doivent devenir différents. Ces impressions ne se font pas subitement, ni même dans l'espace de quelques années; il faut du temps pour que l'homme reçoive la teinture du ciel, il en faut encore plus pour

que la terre lui transmette ses qualités ; et il a fallu des
siècles, joints à un usage toujours constant des mêmes
nourritures, pour influer sur la forme des traits, sur la
grandeur du corps, sur la substance des cheveux, et
produire ces altérations intérieures, qui, s'étant ensuite
perpétuées par la génération, sont devenues les caractères généraux et constants auxquels on reconnaît les
races et même les nations différentes qui composent le
genre humain.

DE L'ENFANCE.

Si quelque chose est capable de nous donner une idée
de notre faiblesse, c'est l'état où nous nous trouvons
immédiatement après la naissance. Incapable de faire
encore aucun usage de ses organes et de se servir de
ses sens, l'enfant qui naît a besoin de secours de toute
espèce : c'est une image de misère et de douleur; il
est, dans ces premiers temps, plus faible qu'aucun des
animaux ; sa vie, incertaine et chancelante, paraît devoir finir à chaque instant; il ne peut se soutenir ni se
mouvoir; à peine a-t-il la force nécessaire pour exister
et pour annoncer par des gémissements les souffrances
qu'il éprouve, comme si la nature voulait l'avertir qu'il
est né pour souffrir, et qu'il ne vient prendre place
dans l'espèce humaine que pour en partager les infir-
mités et les peines.

L'HOMME DANS LES DIFFÉRENTS AGES DE LA VIE.

Le bonheur de l'homme consistant dans l'unité de son
intérieur, il est heureux dans le temps de l'enfance,
parce que le principe matériel domine seul et agit presque continuellement. La contrainte, les remontrances,

et même les châtiments, ne sont que de petits chagrins ; l'enfant ne les sent que comme on sent les douleurs corporelles, le fond de son existence n'en est point affecté ; il reprend, dès qu'il est en liberté, toute l'action, toute la gaîté que lui donnent la vivacité et la nouveauté de ses sensations ; s'il était entièrement livré à lui-même, il serait parfaitement heureux ; mais ce bonheur cesserait, il produirait même le malheur pour les âges suivants. On est donc obligé de contraindre l'enfant ; il est triste mais nécessaire de le rendre malheureux par instants, puisque ces instants même de malheur sont les germes de tout son bonheur à venir.

Dans la jeunesse, lorsque le principe spirituel commence à entrer en exercice, et qu'il pourrait déjà nous conduire, il naît un nouveau sens matériel qui prend un empire absolu et commande si impérieusement à toutes nos facultés que l'âme elle-même semble se prêter avec plaisir aux passions impétueuses qu'il produit. Le principe matériel domine donc encore, et peut-être avec plus d'avantage que jamais ; car non-seulement il efface et soumet la raison, mais il la pervertit et s'en sert comme d'un moyen de plus ; on ne pense et on n'agit que pour approuver et pour satisfaire sa passion ; tant que cette ivresse dure, on est heureux ; les contradictions et les peines extérieures semblent resserrer encore l'unité de l'intérieur : elles fortifient la passion, elles en remplissent les intervalles languissants, elles réveillent l'orgueil, et achèvent de tourner toutes nos vues vers le même objet, et toutes nos puissances vers le même but.

Mais ce bonheur va passer comme un songe ; le charme disparaît, le dégoût suit, un vide affreux succède à la plénitude des sentiments dont on était occupé. L'âme, au sortir de ce sommeil léthargique, a peine à se reconnaître ; elle a perdu par l'esclavage l'habitude de commander, elle n'en a plus la force ; elle regrette même la servitude, et cherche un nouveau maître, un nouvel objet de passions, qui disparaît bientôt à son tour pour être suivi d'un autre qui dure encore moins. Ainsi les excès et les dégoûts se multiplient, les plaisirs fuient, les organes s'usent, le sens matériel, loin de pouvoir commander, n'a plus la force d'obéir. Que reste-t-il à l'homme après une telle jeunesse? un corps énervé, une âme amollie, et l'impuissance de se servir de tous deux.

Aussi a-t-on remarqué que c'est dans le moyen âge que les hommes sont le plus sujets à ces langueurs de l'âme, à cette maladie intérieure, à cet état de vapeurs dont j'ai parlé. On court encore à cet âge après les plaisirs de la jeunesse; on les cherche par habitude et non par besoin : et comme à mesure qu'on avance il arrive toujours plus fréquemment qu'on sent moins le plaisir que l'impuissance d'en jouir, on se trouve contredit par soi-même, humilié par sa propre faiblesse, si nettement et si souvent, qu'on ne peut s'empêcher de se blâmer, de condamner ses actions, et de se reprocher même ses désirs.

D'ailleurs c'est à cet âge que naissent les soucis et que la vie est la plus contentieuse : car on a pris un état, c'est-à-dire qu'on est entré par hasard ou par choix dans une carrière qu'il est toujours honteux de ne pas fournir, et souvent très dangereux de remplir avec éclat. On marche donc péniblement entre deux écueils également formidables, le mépris et la haine : on s'affaiblit par les efforts qu'on fait pour les éviter, et l'on tombe dans le découragement : car lorsqu'à force d'avoir vécu et d'avoir reconnu, éprouvé les injustices des hommes, on a pris l'habitude d'y compter comme sur un mal nécessaire ; lorsqu'on s'est enfin accoutumé à faire moins de cas de leurs jugements que de son repos, et que le cœur, endurci par les cicatrices mêmes des coups qu'on lui a portés, est devenu plus insensible, on arrive aisément à cet état d'indifférence, à cette quiétude indolente dont on aurait rougi quelques années auparavant. La gloire, ce puissant mobile de toutes les grandes âmes, et qu'on voyait de loin comme un but éclatant qu'on s'efforçait d'atteindre par des actions brillantes et des travaux utiles, n'est plus qu'un objet sans attraits pour ceux qui en ont approché, et un fantôme vain et trompeur pour ceux qui sont restés dans l'éloignement. La paresse prend sa place, et semble offrir à tous des routes plus aisées et des biens plus solides ; mais le dégoût la précède et l'ennui la suit : l'ennui, ce triste tyran de toutes les âmes qui pensent, contre lequel la sagesse peut moins que la folie.

C'est donc parce que la nature de l'homme est composée de deux principes opposés qu'il a tant de peine à se concilier avec lui-même ; c'est de là que viennent son inconstance, son irrésolution, ses ennuis.

Les animaux, au contraire, dont la nature est simple et purement matérielle, ne ressentent ni combats intérieurs, ni oppositions, ni troubles ; ils n'ont ni nos regrets, ni nos remords, ni nos espérances, ni nos craintes.

Séparons de nous tout ce qui appartient à l'âme, ôtons-nous l'entendement, l'esprit et la mémoire, ce qui nous restera sera la partie matérielle par laquelle nous sommes animaux : nous aurons encore des besoins, des sensations, des appétits ; nous aurons de la douleur et du plaisir ; nous aurons même des passions, car une passion est-elle autre chose qu'une sensation plus forte que les autres, et qui se renouvelle à tout instant ? Or, nos sensations pourront se renouveler dans notre sens intérieur matériel ; nous aurons donc toutes les passions du moins toutes les passions aveugles que l'âme, ce principe de la connaissance, ne peut ni produire ni fomenter.

L'HOMME EN SOCIÉTÉ.

Parmi les hommes, la société dépend moins des convenances physiques que des relations morales. L'homme a d'abord mesuré sa force et sa faiblesse, il a comparé son ignorance et sa curiosité, il a senti que seul il ne pouvait suffire ni satisfaire par lui-même à la multiplicité de ses besoins, il a reconnu l'avantage qu'il aurait à renoncer à l'usage illimité de sa volonté pour acquérir un droit sur la volonté des autres ; il a réfléchi sur l'idée du bien et du mal, il l'a gravée au fond de son cœur à la faveur de la lumière naturelle qui lui a été départie par la bonté du Créateur ; il a vu que la solitude n'était pour lui qu'un état de danger et de guerre, il a cherché la sûreté et la paix dans la société, il y a porté ses forces et ses lumières pour les augmenter en les réunissant à celles des autres : cette réunion est de l'homme l'ouvrage le meilleur ; c'est de sa raison l'usage le plus sage. En effet, il n'est tranquille, il n'est fort, il n'est grand, il ne commande à l'univers que parce qu'il a su se commander à lui-même, se dompter, se soumettre et s'imposer des lois ; l'homme, en un mot, n'est homme que parce qu'il a su se réunir à l'homme.

SUR LES PEINES ET LES PLAISIRS.

Dans l'homme, le plaisir et la douleur physiques ne font que la moindre partie de ses peines et de ses plaisirs : son imagination, qui travaille continuellement, fait tout, ou plutôt ne fait rien que pour son malheur ;

car elle ne présente à l'âme que des fantômes vains ou des images exagérées, et la force à s'en occuper. Plus agitée par ces illusions qu'elle ne le peut être par les objets réels, l'âme perd sa faculté de juger, et même son empire ; elle ne compare que des chimères, elle ne veut plus qu'en second, et souvent elle veut l'impossible : sa volonté, qu'elle ne détermine plus, lui devient donc à charge ; ses désirs outrés sont des peines, et ses vaines espérances sont tout au plus de faux plaisirs qui disparaissent et s'évanouissent dès que le calme succède, et que l'âme reprenant sa place vient à les juger.

Nous nous préparons donc des peines toutes les fois que nous cherchons des plaisirs ; nous sommes malheureux dès que nous désirons d'être plus heureux. Le bonheur est au dedans de nous-mêmes, il nous a été donné ; le malheur est au dehors, et nous l'allons chercher. Pourquoi ne sommes-nous pas convaincus que la jouissance paisible de notre âme est notre seul et vrai bien, que nous ne pouvons l'augmenter sans risquer de le perdre, que moins nous désirons et plus nous possédons ; qu'enfin tout ce que nous voulons au-delà de ce que la nature peut nous donner est peine, et que rien n'est plaisir que ce qu'elle nous offre ?

Or la nature nous a donné et nous offre encore à tout instant des plaisirs sans nombre ; elle a pourvu à nos besoins, elle nous a munis contre la douleur ; il y a dans le physique infiniment plus de bien que de mal ; ce n'est donc pas la réalité, c'est la chimère qu'il faut craindre ; ce n'est ni la douleur du corps, ni les maladies, ni la mort, mais l'agitation de l'âme, les passions et l'ennui qui sont à redouter.

Les animaux n'ont qu'un moyen d'avoir du plaisir, c'est d'exercer leur sentiment pour satisfaire leur appétit ; nous avons cette même faculté, et nous avons de plus un autre moyen de plaisir : c'est d'exercer notre esprit, dont l'appétit est de savoir. Cette source de plaisir serait la plus abondante et la plus pure, si nos passions, en s'opposant à son cours, ne venaient à la troubler : elles détournent l'âme de toute contemplation ; dès qu'elles ont pris le dessus, la raison est dans le silence, ou du moins elle n'élève plus qu'une voix faible et souvent importune ; le dégoût de la vérité suit, le charme de l'illusion augmente, l'erreur se fortifie, nous entraîne et conduit au malheur : car quel malheur plus grand que de ne plus rien voir tel qu'il est, de ne plus rien juger que relativement à sa passion, de n'agir que par son ordre, de paraître en conséquence injuste ou ridicule aux autres, et d'être forcé de se mépriser soi-même lorsqu'on vient à s'examiner !

Dans cet état d'illusions et de ténèbres, nous voudrions changer la nature même de notre âme : elle ne nous a été donnée que pour connaître, nous ne voudrions l'employer qu'à sentir ; si nous pouvions étouffer en entier sa lumière, nous n'en regretterions pas la perte, nous envierions volontiers le sort des insensés : comme ce n'est plus que par intervalles que nous sommes raisonnables, et que ces intervalles de raison nous sont à charge et se passent en reproches secrets, nous voudrions les supprimer ; ainsi, marchant toujours d'illusions en illusions, nous cherchons volontairement à nous perdre de vue pour arriver bientôt à ne nous plus connaître, et finir par nous oublier.

Une passion sans intervalles est démence, et l'état de démence est pour l'âme un état de mort. De violentes passions avec des intervalles sont des accès de folie, des maladies de l'âme d'autant plus dangereuses qu'elles sont plus longues et plus fréquentes. La sagesse n'est que la somme des intervalles de santé que ces accès nous laissent; cette somme n'est point celle de notre bonheur; car nous sentons alors que notre âme a été malade, nous blâmons nos passions, nous condamnons nos actions. La folie est le germe du malheur, et c'est la sagesse qui le développe : la plupart de ceux qui se disent malheureux sont des hommes passionnés, c'est-à-dire des fous auxquels il reste quelques intervalles de raison, pendant lesquels ils connaissent leur folie, et sentent par conséquent leur malheur; et comme il y a dans les conditions élevées plus de faux désirs, plus de vaines prétentions, plus de passions désordonnées, plus d'abus de son âme, que dans les états inférieurs, les grands sont sans doute de tous les hommes les moins heureux.

Mais détournons les yeux de ces tristes objets et de ces vérités humiliantes; considérons l'homme sage, le seul qui soit digne d'être considéré : maître de lui-même, il l'est des événements; content de son état, il ne veut être que comme il a toujours été, ne vivre que comme il a toujours vécu; se suffisant à lui-même, il n'a qu'un faible besoin des autres, il ne peut leur être à charge : occupé continuellement à exercer les facultés de son âme, il perfectionne son entendement, il cultive son esprit, il acquiert de nouvelles connaissances, et se satisfait à tout instant sans remords, sans dégoût; il jouit de tout l'univers en jouissant de lui-même.

Un tel homme est sans doute l'être le plus heureux de la nature; il joint aux plaisirs du corps, qui lui sont communs avec les animaux, les joies de l'esprit qui n'appartiennent qu'à lui : il a deux moyens d'être heureux, qui s'aident et se fortifient mutuellement : et si, par un dérangement de santé, ou par quelque autre accident, il vient à ressentir de la douleur, il souffre moins qu'un autre; la force de son âme le soutient, la

raison le console ; il a même de la satisfaction en souf-
frant, c'est de se sentir assez fort pour souffrir.

SUR LA MÉMOIRE.

Chez nous la mémoire émane de la puissance de réfléchir ; car le souvenir que nous avons des choses passées suppose non-seulement la durée des ébranlements
de notre sens intérieur matériel, c'est-à-dire le renouvellement de nos sensations antérieures, mais encore les
comparaisons que notre âme a faites de ces sensations,
c'est-à-dire les idées qu'elle en a formées. Si la mémoire
ne consistait que dans le renouvellement des sensations
passées, ces sensations se représenteraient à notre sens
intérieur sans y laisser une impression déterminée ; elle
se présenterait sans aucun ordre, sans liaison entre elles, à peu près comme elles se présentent dans l'ivresse
ou dans certains rêves, où tout est si décousu, si peu
suivi, si peu ordonné, que nous ne pouvons en conserver le souvenir ; car nous ne nous souvenons que des
choses qui ont des rapports avec celles qui les ont pré-
cédées ou suivies ; et toute sensation isolée, qui n'aurait
aucune liaison avec les autres sensations, quelque forte
qu'elle pût être, ne laisserait aucune trace dans notre
esprit ; or c'est notre âme qui établit ces rapports entre
les choses, par la comparaison qu'elle fait des unes avec
les autres ; c'est elle qui forme la liaison de nos sensations, qui ourdit la trame de nos existences par un fil
continu d'idées. La mémoire consiste donc dans une succession d'idées, et suppose nécessairement la puissance
qui les produit.

Mais pour ne laisser, s'il est possible, aucun doute
sur ce point important, voyons quelle est l'espèce de
souvenir que nous laissent nos sensations lorsqu'elles

n'ont point été accompagnées d'idées. La douleur et le plaisir sont de pures sensations, et les plus fortes de toutes ; cependant, lorsque nous voulons nous rappeler ce que nous avons senti dans les instants les plus vifs de plaisir ou de douleur, nous ne pouvons le faire que faiblement, confusément ; nous nous souvenons seulement que nous avons été flattés ou blessés ; mais notre souvenir n'est pas distinct : nous ne pouvons nous représenter ni l'espèce, ni le degré, ni la durée de ces sensations, qui nous ont cependant si fortement ébranlés, et nous sommes d'autant moins capables de nous les représenter, qu'elles ont été moins répétées et plus rares. Une douleur, par exemple, que nous n'aurons éprouvée qu'une fois, qui n'aura duré que quelques instants, et qui sera différente des douleurs que nous éprouvons habituellement, sera nécessairement bientôt oubliée, quelque vive qu'elle ait été ; et quoique nous nous souvenions que dans cette circonstance nous avons ressenti une grande douleur, nous n'avons qu'une faible réminiscence de la sensation même, tandis que nous avons une mémoire nette des circonstances qui l'accompagnaient et du temps où elle nous est arrivée.

Pourquoi tout ce qui s'est passé dans notre enfance est-il presque entièrement oublié, et pourquoi les vieillards ont-ils un souvenir plus présent de ce qui leur est arrivé dans le moyen âge que de ce qui leur arrive dans leur vieillesse ? Y a-t-il une meilleure preuve que les sensations toutes seules ne suffisent pas pour produire la mémoire, et qu'elle n'existe en effet que dans la suite des idées que notre âme peut tirer de ces sensations ? Car dans l'enfance les sensations sont aussi et peut-être plus vives et plus rapides que dans le moyen âge, et cependant elles ne laissent que peu ou point de traces, parce qu'à cet âge la puissance de réfléchir, qui seule

peut former des idées, est dans une inaction presque to-
tale, et que, dans les moments où elle agit, elle ne
compare que des superficies, elle ne combine que de
petites choses, pendant un petit temps, elle ne met rien
en ordre, elle ne déduit rien en suite. Dans l'âge mûr,
où la raison est entièrement développée, parce que la
puissance de réfléchir est en entier exercice, nous tirons de nos sensations tout le fruit qu'elles peuvent
produire, et nous nous formons plusieurs ordres d'idées
et plusieurs chaînes de pensées dont chacune fait une
trace durable, sur laquelle nous repassons si souvent,
qu'elle devient profonde, ineffaçable, et que plusieurs
années après, dans le temps de notre vieillesse, ces
mêmes idées se présentent avec plus de force que celles
que nous pouvons tirer immédiatement des sensations
actuelles, parce qu'alors ces sensations sont faibles, len-
tes, émoussées, et qu'à cet âge l'âme même participe à
la langueur du corps. Dans l'enfance le temps présent
est tout ; dans l'âge mûr on jouit également du passé, du
présent et de l'avenir ; et dans la vieillesse on sent peu
le présent, on détourne les yeux de l'avenir, et on ne
vit que dans le passé. Ces différences ne dépendent-elles
pas entièrement de l'ordonnance que notre âme a faite
de nos sensations, et ne sont-elles pas relatives au plus
ou moins de facilité que nous avons dans ces différents
âges à former, à acquérir et à conserver des idées ? L'enfant qui jase et le vieillard qui radote n'ont ni l'un ni
l'autre le ton de la raison, parce qu'ils manquent également d'idées ; le premier ne peut encore en former, et
le second n'en forme plus.

Un imbécile, dont les sens et les organes corporels
nous paraissent sains et bien disposés, a comme nous des
sensations de toute espèce ; il les aura aussi dans le
même ordre s'il vit en société et qu'on l'oblige à faire

ce que font les autres hommes : cependant, comme ces sensations ne lui font point naître d'idées, qu'il n'y a point de correspondance entre son âme et son corps, et qu'il ne peut réfléchir sur rien, il est en conséquence privé de la mémoire et de la connaissance de soi-même. Cet homme ne diffère en rien de l'animal, quant aux facultés extérieures ; car quoiqu'il ait une âme, et que par conséquent il possède en lui le principe de la raison, comme ce principe demeure dans l'inaction, et qu'il ne reçoit rien des organes corporels avec lesquels il n'a aucune correspondance, il ne peut influer sur les actions de cet homme, qui dès lors ne peut agir que comme un animal uniquement déterminé par ses sensations et par le sentiment de son existence actuelle et de ses besoins présents. Ainsi l'homme imbécile et l'animal sont des êtres dont les résultats et les opérations sont les mêmes à tous égards, parce que l'un n'a point d'âme et que l'autre ne s'en sert point ; tous deux manquent de la puissance de réfléchir, et n'ont par conséquent ni entendement, ni esprit, ni mémoire ; mais tous deux ont des sensations, du sentiment et du mouvemont.

SUR L'IMAGINATION.

L'imagination est une faculté de l'âme : si nous entendons par ce mot imagination la puissance que nous avons de comparer des images avec des idées, de donner des couleurs à nos pensées, de représenter et d'agrandir nos sensations, de peindre le sentiment, en un mot de saisir vivement les circonstances, et de voir nettement les rapports éloignés des objets que nous considérons, cette puissance de notre âme en est même la qualité la plus brillante et la plus active ; c'est l'esprit supérieur, c'est le génie. Les animaux en sont encore plus dépourvus que d'entendement et de mémoire ; mais il y a une autre imagination, un autre principe qui dépend uniquement des organes corporels, et qui nous est commun avec les animaux : c'est cette action tumultueuse et forcée qui s'excite au-dedans de nous-mêmes par les objets analogues ou contraires à nos appétits ; c'est cette impression vive et profonde des images de ces objets, qui malgré nous se renouvelle à tout instant, et nous contraint d'agir comme les animaux, sans réflexion, sans délibération : cette représentation des objets, plus active encore que leur présence, exagère tout, falsifie tout. Cette imagination est l'ennemie de notre âme ; c'est la source de l'illusion, la mère des passions qui nous maîtrisent, nous emportent malgré les efforts de la raison, et nous rendent le malheureux théâtre d'un combat continuel, où nous sommes presque toujours vaincus.

EMPIRE DE L'HOMME SUR LES ANIMAUX.

L'empire de l'homme sur les animaux est un empire légitime qu'aucune révolution ne peut détruire : c'est l'empire de l'esprit sur la matière ; c'est non-seulement un droit de nature, un pouvoir fondé sur des lois intolérables, mais c'est encore un don de Dieu, par lequel l'homme peut reconnaître à tout instant l'excellence de son être ; car ce n'est pas parce qu'il est le plus parfait, le plus fort ou le plus adroit des animaux qu'il leur commande : s'il n'était que le premier du même ordre, les seconds se réuniraient pour lui disputer l'empire ; mais c'est par supériorité de nature que l'homme règne et commande ; il pense, et dès lors il est maître des êtres qui ne pensent point.

Il est maître des corps bruts, qui ne peuvent opposer

à sa volonté qu'une lourde résistance ou qu'une inflexible dureté, que sa main sait toujours surmonter et vaincre en les faisant agir les uns contre les autres; il est maître des végétaux, que par son industrie il peut augmenter, diminuer, renouveler, dénaturer, détruire ou multiplier à l'infini; il est maître des animaux, parce que non-seulement il a comme eux du mouvement et du sentiment, mais qu'il a de plus la lumière de la pensée, qu'il connaît les fins et les moyens, qu'il sait diriger ses actions, concerter ses opérations, mesurer ses mouvements, vaincre la force par l'esprit, et la vitesse par l'emploi du temps.

Cependant parmi les animaux les uns paraissent être plus ou moins sauvages, plus ou moins doux, plus ou moins féroces. Que l'on compare la docilité et la soumission du chien avec la fierté et la férocité du tigre; l'un paraît être l'ami de l'homme, et l'autre son ennemi. Son empire sur les animaux n'est donc pas absolu. Combien d'espèces savent se soustraire à sa puissance par la rapidité de leur vol, par la légèreté de leur course, par l'obscurité de leur retraite, par la distance que met entre eux et l'homme l'élément qu'ils habitent! Combien d'autres espèces lui échappent par leur seule petitesse! et enfin combien y en a-t-il qui, bien loin de reconnaître leur souverain, l'attaquent à force ouverte, sans parler de ces insectes qui semblent l'insulter par leurs piqûres, de ces serpents dont la morsure porte le poison et la mort, et tant d'autres bêtes immondes, incommodes, inutiles, qui semblent n'exister que pour former la nuance entre le mal et le bien, et faire sentir à l'homme combien, depuis sa chute, il est peu respecté!

C'est qu'il faut distinguer l'empire de Dieu du domaine de l'homme. Dieu, créateur des êtres, est le seul maître de la nature. L'homme ne peut rien sur les produits de la création : il ne peut rien sur les mouvements des corps célestes, sur les révolutions de ce globe qu'il habite ; il ne peut rien sur les animaux, les végétaux, les minéraux en général ; il ne peut rien que sur les individus ; car les espèces en général et la matière en bloc appartiennent à la nature, ou plutôt la constituent : tout se passe, se suit, se succède, se renouvelle et se meut par une puissance irrésistible. L'homme, entraîné lui-même par le torrent des temps, ne peut rien pour sa propre durée ; lié par son corps à la matière, enveloppé, dans le tourbillon des êtres, il est forcé de subir la loi commune : il obéit à la même puissance, et, comme tout le reste, il naît, croît, et périt.

Mais le rayon divin dont l'homme est animé l'ennoblit et l'élève au-dessus de tous les êtres matériels. Cette substance spirituelle, loin d'être sujette à la matière, a le droit de la faire obéir, et quoiqu'elle ne puisse pas commander à la nature entière, elle domine sur les êtres particuliers : Dieu, source unique de toute lumière et de toute intelligence, régit l'univers et les espèces entières avec une puissance infinie ; l'homme, qui n'a de même qu'une puissance limitée à de petites portions de matière, et n'est maître que des individus.

C'est donc par les talents de l'esprit, et non par la force et par les autres qualités de la matière, que l'homme a su subjuguer les animaux : dans les premiers temps ils devaient être tous également indépendants ; l'homme, devenu criminel et féroce, était peu propre à les apprivoiser ; il a fallu du temps pour les approcher, pour les reconnaître, pour les choisir, pour les dompter ; il a fallu qu'il fût civilisé lui-même pour savoir instruire et commander ; et l'empire sur les animaux, comme tous les autres empires, n'a été fondé qu'après la société.

C'est d'elle que l'homme tient sa puissance ; c'est par elle qu'il a perfectionné sa raison, exercé son esprit et réuni ses forces ; auparavant l'homme était peut-être l'animal le plus sauvage et le moins redoutable de tous : nu, sans armes et sans abri, la terre n'était pour lui qu'un vaste désert peuplé de monstres, dont souvent il devenait la proie ; et même longtemps après, l'histoire nous dit que les premiers héros n'ont été que des destructeurs de bêtes.

Mais lorsque avec le temps l'espèce humaine s'est étendue, multipliée, répandue, et qu'à la faveur des arts et de la société l'homme a pu marcher en force pour conquérir l'univers, il a fait reculer peu à peu les bêtes féroces, il a purgé la terre de ces animaux gigantesques dont nous trouvons encore les ossements énormes ; il a détruit ou réduit à un petit nombre d'individus les espèces voraces et nuisibles ; il a opposé les animaux aux animaux, et subjuguant les uns par adresse, domptant les autres par la force, ou les écartant par le nombre, et les attaquant tous par des moyens raisonnés, il est parvenu à se mettre en sûreté, et à établir un empire qui n'est borné que par les lieux inaccessibles, les solitudes reculées, les sables brûlants, les montagnes glacées, les cavernes obscures qui servent de retraites au petit nombre d'espèces d'animaux indomptables.

COMPARAISON DE L'HOMME ET DE L'ANIMAL.

En comparant l'homme avec l'animal, on trouvera dans l'un et dans l'autre un corps, une matière organisée, des sens, de la chair et du sang, du mouvement, et une infinité de choses semblables ; mais toutes ces ressemblances sont extérieures, et ne suffisent pas pour nous faire prononcer que la nature de l'homme est semblable à celle de l'animal. Pour juger de la nature de l'un et de l'autre, il faudrait connaître les qualités intérieures de l'animal aussi bien que nous connaissons les nôtres ; et comme il n'est pas possible que nous ayons jamais connaissance de ce qui se passe à l'intérieur de l'animal, comme nous ne saurons jamais de quel ordre, de quelle espèce peuvent être ses sensations relativement à celles de l'homme, nous ne pouvons juger que par les effets, nous ne pouvons que comparer les résultats des opérations naturelles de l'un et de l'autre.

Voyons donc ces résultats, en commençant par avouer toutes les ressemblances particulières, et en n'examinant que les différences, même les plus générales. On conviendra que le plus stupide des hommes suffit pour conduire le plus spirituel des animaux : il le commande et le fait servir à ses usages, et c'est moins par force et par adresse que par supériorité de nature, et parce qu'il a un projet raisonné, un ordre d'actions et une suite de moyens par lesquels il contraint l'animal à lui obéir ; car nous ne voyons pas que les animaux qui sont plus forts et plus adroits commandent aux autres, et les fassent servir à leur usage : les plus forts mangent les plus faibles ; mais cette action ne suppose qu'un besoin, un appétit, qualités fort différentes de celle qui peut produire une suite d'actions dirigées vers le même but. Si les animaux étaient doués de cette faculté, n'en verrions-nous pas quelques-uns prendre l'empire sur les autres, et les obliger à leur chercher la nourriture, à les veiller, à les garder, à les soulager lorsqu'ils sont malades ou blessés ? Or il n'y a parmi tous les animaux aucune marque de cette subordination, aucune apparence que quelqu'un d'entre eux connaisse ou sente la supériorité de sa nature sur celle des autres ; par conséquent on doit penser qu'il sont en effet tous de même nature, et en même temps on doit conclure que celle de l'homme est non-seulement fort au-dessus de celle de l'animal, mais qu'elle est aussi tout-à-fait différente.

L'homme rend par un signe extérieur ce qui se passe au-dedans de lui ; il communique sa pensée par la parole ; ce signe est commun à toute l'espèce humaine. L'homme sauvage parle comme l'homme policé, et tous parlent naturellement, et parlent pour se faire entendre. Aucun des animaux n'a ce signe de la pensée ; ce n'est pas, comme on le croit communément, faute d'organes : la langue du singe a paru aux anatomistes aussi parfaite que celle de l'homme : le singe parlerait donc s'il pensait ; si l'ordre de ses pensées avait quelque chose de commun avec les nôtres, il parlerait notre langue ; et en supposant qu'il n'eût que des pensées de singe, il parlerait aux autres singes : mais on ne les a jamais vus s'entretenir ou discourir ensemble ; ils n'ont donc pas même un ordre, une suite de pensées à leur façon, bien loin d'en avoir de semblables aux nôtres : il ne se passe à leur intérieur rien de suivi, rien d'ordonné, puisqu'ils n'expriment rien par des signes combinés et arrangés ; ils n'ont donc pas la pensée, même au plus petit degré.

Il est si vrai que ce n'est pas faute d'organes que les animaux ne parlent pas, qu'on en connaît de plusieurs espèces auxquels on apprend à prononcer des mots, et même à répéter des phrases assez longues ; et peut-être y en aurait-il un grand nombre d'autres auxquels on pourrait, si l'on voulait s'en donner la peine, faire

articuler quelques sons. Mais jamais on n'est parvenu à
leur faire naître l'idée que ces mots expriment ; ils semblent ne les répéter et même ne les articuler que comme
un écho ou une machine artificielle les répéterait ou les
articulerait ; ce ne sont pas les puissances mécaniques
ou les organes matériels, mais c'est la puissance intellectuelle, c'est la pensée qui leur manque.

C'est donc parce qu'une langue suppose une suite de
pensées que les animaux n'en ont aucune ; car, quand
même on voudrait leur accorder quelque chose de semblable à nos premières appréhensions et à nos sensations les plus grossières et les plus machinales, il paraît
certain qu'ils sont incapables de former cette associa-
tion d'idées qui seule peut produire la réflexion, dans
laquelle cependant consiste l'essence de la pensée. C'est
parce qu'ils ne peuvent joindre ensemble aucune idée,
qu'ils ne pensent ni ne parlent ; c'est par la même raison qu'ils n'inventent et ne perfectionnent rien : s'ils
étaient doués de la puissance de réfléchir, même au
plus petit degré, ils seraient capables de quelque
espèce de progrès, ils acquerraient plus d'industrie :
les castors d'aujourd'hui bâtiraient avec plus d'art et
de solidité que ne bâtissaient les premiers castors ;
l'abeille perfectionnerait encore tous les jours la cellule
qu'elle habite ; car, si on suppose que cette cellule est
aussi parfaite qu'elle peut l'être, on donne à cet
insecte plus d'esprit que nous n'en avons, on lui accorde
une intelligence supérieure à la nôtre, par laquelle il
apercevrait tout d'un coup le dernier point de perfection auquel il doit porter son ouvrage, tandis que nous-
mêmes ne voyons jamais clairement ce point, et qu'il
nous faut beaucoup de réflexion, de temps et d'habitude pour perfectionner le moindre de nos arts.

D'où peut venir cette uniformité dans tous les ouvrages des animaux? Pourquoi chaque espèce ne fait-elle jamais que la même chose, de la même façon? Et pour quoi chaque individu ne la fait-il ni mieux ni plus mal qu'un autre individu? Y a-t-il de plus forte preuve que leurs opérations ne sont que des résultats mécaniques et purement matériels? Car, s'ils avaient la moindre étincelle de la lumière qui nous éclaire, on trouverait au moins de la variété, si l'on ne voyait pas de la perfection dans leurs ouvrages; chaque individu de la même espèce ferait quelque chose d'un peu différent de ce qu'aurait fait un autre individu : mais non; tous travaillent sur le même modèle, l'ordre de leurs actions est tracé dans l'espèce entière, il n'appartient point à l'individu; et si l'on voulait attribuer une âme aux animaux, on serait obligé à n'en faire qu'une pour chaque espèce, à laquelle chaque individu participerait également; cette âme serait donc nécessairement divisible, par conséquent elle serait matérielle et fort différente de la nôtre.

Car pourquoi mettons-nous, au contraire, tant de diversité et de variété dans nos productions et dans nos ouvrages? Pourquoi l'imitation servile nous coûte-t-elle plus qu'un nouveau dessein? C'est parce que notre âme est à nous, qu'elle est indépendante de celle d'un autre, que nous n'avons rien de commun avec notre espèce que la matière de notre corps, et que ce n'est en effet que par les dernières de nos facultés que nous ressemblons aux animaux.

Si les sensations intérieures appartenaient à la matière et dépendaient des organes corporels, ne verrions-nous pas parmi les animaux de même espèce, comme parmi les hommes, des différences marquées dans leurs ouvrages? Ceux qui seraient le mieux organisés ne feraient-ils pas leurs nids, leurs cellules ou leurs coques d'une manière plus solide, plus élégante, plus commode? Et si quelqu'un avait plus de génie qu'un autre, pourrait-il ne le pas manifester de cette façon? Or tout cela n'arrive pas et n'est jamais arrivé : le plus ou le moins de perfection des organes corporels n'influe donc pas sur la nature des sensations intérieures : n'en doit-on pas conclure que les animaux n'ont point de sensations de cette espèce, qu'elles ne peuvent appartenir à la matière, ni dépendre, pour leur nature, des organes corporels? Ne faut-il pas par conséquent qu'il y ait en nous une substance différente de la matière, qui soit le sujet et la cause qui produit et reçoit ces sensations?

Mais ces preuves de l'immatérialité de notre âme peuvent s'étendre encore plus loin. Nous avons dit que la nature marche toujours et agit en tout par degrés imperceptibles et par nuances : cette vérité, qui d'ailleurs ne souffre aucune exception, se dément ici tout-à-fait. Il y a une différence infinie entre les facultés de l'homme et celles du plus parfait animal; preuve évidente que l'homme est d'une différente nature, que seul il fait une classe à part, de laquelle il faut descendre en parcourant un espace infini avant que d'arriver à celle des animaux : car, si l'homme était de l'ordre des animaux, il y aurait dans la nature un certain nombre d'êtres moins parfaits que l'homme, et plus parfaits que l'animal, par lesquels on descendrait insensiblement et par nuances de l'homme au singe. Mais cela n'est pas; on passe tout d'un coup de l'être pensant à l'être matériel, de la puissance intellectuelle à la force mécanique, de l'ordre et du dessein au mouvement aveugle, de la réflexion à l'appétit.

En voilà plus qu'il n'en faut pour nous démontrer l'excellence de notre nature, et la distance immense que la bonté du Créateur a mise entre l'homme et la bête. L'homme est un être raisonnable, l'animal est un être sans raison ; et comme il n'y a point de milieu entre le positif et le négatif, comme il n'y a point d'êtres inter- médiaires entre l'être raisonnable et l'être sans raison, il est évident que l'homme est d'une nature entière- ment différente de celle de l'animal, qu'il ne lui res- semble que par l'extérieur, et que le juger par cette ressemblance matérielle, c'est se laisser tromper par l'apparence, et fermer volontairement les yeux à la lu- mière, qui doit nous la faire distinguer de la réalité.

INSTINCT DES ANIMAUX.

Mais si les animaux sont dépourvus d'entendement, d'esprit et de mémoire, s'ils sont privés de toute intel- ligence, si toutes leurs facultés dépendent de leurs sens, s'ils sont bornés à l'expérience du sentiment seul, d'où peut venir cette espèce de prévoyance qu'on remarque dans quelques-uns d'entre eux ? Le seul sentiment peut- il faire qu'ils ramassent des vivres pendant l'été pour subsister pendant l'hiver ? Ceci ne suppose-t-il pas une comparaison des temps, une notion de l'avenir, une inquiétude raisonnée ? Pourquoi trouverait-on à la fin de l'automne, dans le trou d'un mulot, assez de glands pour le nourrir jusqu'à l'été suivant ? Pourquoi cette abondance de cire et de miel dans les ruches ? Pourquoi les fourmis font-elles des provisions ? Pourquoi les oiseaux feraient-ils des nids, s'ils ne savaient pas qu'ils en auront besoin pour y déposer leurs œufs et y éle- ver leurs petits ? Et tant d'autres faits particuliers que l'on raconte de la prévoyance des renards qui cachent leur gibier en différents endroits pour le retrouver au besoin et s'en nourrir pendant plusieurs jours ; de la subtilité raisonnée des hiboux qui savent ménager leur provision de souris en leur coupant les pattes pour les empêcher de fuir; de la pénétration merveilleuse des abeilles, qui savent d'avance que leur reine doit pondre dans un tel temps un nombre d'œufs d'une certaine espèce, dont il doit sortir des vers de mouches mâles, et tel autre nombre d'œufs d'une autre espèce, qui doivent produire des mouches neutres, et qui, en conséquence de cette connaissance de l'avenir, construisent tel nombre d'alvéoles plus grands pour les premières, et tel autre nombre d'alvéoles plus petits pour les secondes, etc. ?

Avant que de répondre à ces questions, et même de raisonner sur ces faits, il faudrait être assuré qu'ils sont réels et avérés; il faudrait qu'au lieu d'avoir été racontés par le peuple ou publiés par des observateurs amoureux du merveilleux, ils eussent été vus par des gens sensés et recueillis par des philosophes; je suis persuadé que toutes les prétendues merveilles disparaîtraient, et qu'en y réfléchissant on trouverait la cause de chacun de ses effets en particulier. Mais admettons pour un instant la vérité de tous ces faits; accordons, avec ceux qui les racontent, le pressentiment, la prévision, la connaissance même de l'avenir aux animaux; en résultera-t-il que ce soit un effet de leur intelligence? Si cela était, elle serait bien supérieure à la nôtre, car notre prévoyance est toujours conjecturable; nos notions sur l'avenir ne sont que douteuses, toute la lumière de notre âme suffit à peine pour nous faire entrevoir la probabilité des choses futures : dès lors les animaux, qui en voient la certitude, puisqu'ils se déterminent d'avance et sans jamais se tromper, auraient en eux quelque chose de bien supérieur au principe de notre connaissance; ils auraient une âme bien pénétrante et bien plus clairvoyante que la nôtre. Je demande si cette conséquence ne répugne pas autant à la religion qu'à la raison.

Ce ne peut donc être par une intelligence semblable à la nôtre que les animaux ont une connaissance certaine de l'avenir, puisque nous n'en avons que des notions très douteuses et très imparfaites. Pourquoi donc leur accorder si légèrement une qualité si sublime? pourquoi nous dégrader mal à propos? Ne serait-il pas moins déraisonnable, supposé qu'on ne pût pas douter des faits, d'en rapporter la cause à des lois mécaniques, établies comme toutes les autres lois de la nature par la volonté du Créateur? La sûreté avec laquelle on suppose que les animaux agissent, la certitude de leur détermination, suffiraient seules pour qu'on dût en conclure que ce sont les effets d'un pur mécanisme. Le caractère de la raison le plus marqué, c'est le doute, c'est la délibération, c'est la comparaison; mais des mouvements et des actions qui n'annoncent que la décision et la certitude prouvent en même temps le mécanisme et la stupidité.

Cependant, comme les lois de la nature, telles que nous les connaissons, n'en sont que les effets généraux, et que les faits dont il s'agit ne sont au contraire que des effets très particuliers, il serait peu philosophique et peu digne de l'idée que nous devons avoir du Créateur de charger mal à propos sa volonté de tant de petites lois : ce serait déroger à sa toute-puissance et à la noble simplicité de la nature, que de l'embarrasser gratuitement de cette quantité de statuts particuliers, dont l'un ne serait fait que pour les mouches, l'autre pour les hiboux, l'autre pour les mulots, etc. Ne doit-on pas, au contraire, faire tous ses efforts pour ramener ces effets particuliers aux effets généraux, et, si cela n'était pas possible, mettre ces faits en réserve, et s'abstenir de vouloir les appliquer jusqu'à ce que, par de nouveaux faits et par de nouvelles analogies, nous puissions en connaître les causes?

Voyons donc en effet s'ils sont inexplicables, s'ils sont même avérés. La prévoyance des fourmis n'était qu'un préjugé : on la leur avait accordée en les observant; on la leur a ôtée en les observant mieux. Elles sont engourdies tout l'hiver : leurs provisions ne sont donc que des amas superflus, amas accumulés sans vue, sans connaissance de l'avenir, puisque, par cette connaissance même, elles en auraient prévu toute l'inutilité. N'est-il pas très naturel que des animaux qui ont une demeure fixe, où ils sont accoutumés à transporter les nourritures dont ils ont actuellement besoin, et qui flattent leur appétit, en transportent beaucoup plus qu'il ne leur en faut, déterminés par le sentiment seul et par le plaisir de l'odorat ou de quelque autre de leurs sens, et guidés par l'habitude qu'ils ont prise d'emporter leurs vivres pour les manger en repos? Cela même ne démontre-t-il pas qu'ils n'ont que du sentiment et point de raisonnement? C'est par la même raison que les abeilles ramassent beaucoup plus de cire et de miel qu'il ne leur en faut : ce n'est donc point du produit de leur intelligence, c'est des effets de leur stupidité que nous profitons ; car l'intelligence les porterait nécessairement à ne ramasser qu'à peu près autant qu'elles ont besoin, et à s'épargner la peine de tout le reste, surtout après la triste expérience que ce travail est en pure perte, qu'on leur enlève tout ce qu'elles ont de trop, qu'enfin cette abondance est la seule cause de la guerre qu'on leur fait, et la source de la désolation et du trouble de leur société. Il est si vrai que ce n'est que par un sentiment aveugle qu'elles travaillent, qu'on

3..

peut les obliger à travailler pour ainsi dire autant que l'on veut. Tant qu'il y a des fleurs qui leur conviennent dans le pays qu'elles habitent, elles ne cessent d'en tirer le miel et la cire; elles ne discontinuent leur travail et ne finissent leur récolte que parce qu'elles ne trouvent plus rien à ramasser. On a imaginé de les transporter et de les faire voyager dans d'autres pays où il y a encore des fleurs; alors elles reprennent leur travail, elles continuent à ramasser, à entasser, jusqu'à ce que les fleurs de ce nouveau canton soient épuisées ou flétries; et si on les porte dans un autre qui soit encore fleuri, elles continueront de même à recueillir, à amasser. Leur travail n'est donc point une prévoyance ni une peine qu'elles se donnent dans la vue de faire des provisions pour elles, c'est au contraire un mouvement dicté par le sentiment; et ce mouvement dure et se renouvelle autant et aussi longtemps qu'il existe des objets qui y sont relatifs.

Je me suis particulièrement informé des mulots, et j'ai vu quelques-uns de leurs trous; ils sont ordinairement divisés en deux : dans l'un ils font leurs petits, dans l'autre ils entassent tout ce qui flatte leur appétit. Lorsqu'ils font eux-mêmes leurs trous, il ne les font pas grands, et alors ils ne peuvent y placer qu'une assez petite quantité de graines; mais lorsqu'ils trouvent sous le tronc d'un arbre un grand espace, ils s'y logent, et ils le remplissent autant qu'ils peuvent de blé, de noix, de noisettes, de glands, selon le pays qu'ils habitent; en sorte que la provision, au lieu d'être proportionnée au besoin de l'animal, ne l'est au contraire qu'à la capacité du lieu.

Voilà donc déjà les provisions des fourmis, des mulots, des abeilles, réduites à des tas inutiles, disproportionnés et ramassés sans vues; voilà les petites lois particulières de leur prévoyance supposée ramenées à la loi réelle et générale du sentiment. Il en sera de même de la prévoyance des oiseaux : il n'est pas nécessaire de leur accorder la connaissance de l'avenir, ou de recourir à la supposition d'une loi particulière que le Créateur aurait établie en leur faveur, pour rendre raison de la construction de leurs nids : ils sont conduits par degrés à les faire ; ils trouvent d'abord un lieu qui convient ; ils s'y arrangent, ils y portent ce qui le rendra plus commode. Ce nid n'est qu'un lieu qu'ils reconnaîtront, qu'ils habiteront sans inconvénient, et où ils séjourneront tranquillement. L'amour est le sentiment qui les guide et les excite à cet ouvrage ; ils ont besoin mutuellement l'un de l'autre ; ils se trouvent bien ensemble ; ils cherchent à se cacher, à se dérober au reste de l'univers, devenu pour eux plus incommode et plus dangereux que jamais ; ils s'arrêtent donc dans les lieux les plus touffus des arbres, dans les lieux les plus inaccessibles ou les plus obscurs ; et, pour s'y soutenir, pour y demeurer d'une manière moins incommode, ils entassent des feuilles, ils rangent de petits matériaux , et travaillent à l'envi à leur habitation commune. Les uns, moins adroits ou moins sensuels, ne font que des ouvrages grossièrement ébauchés ; d'autres se contentent de ce qu'ils trouvent tout fait, et n'ont pas d'autre domicile que les trous qui se présentent ou les pots qu'on leur offre. Toutes ces manœuvres sont relatives à leur organisation et dépendantes du sentiment, qui ne peut, à quelque degré qu'il soit, produire le raisonnement, et encore moins donner cette prévision intuitive, cette connaissance certaine de l'avenir qu'on leur suppose.

On peut le prouver par des exemples familiers. Non-seulement ces animaux ne savent pas ce qui doit arriver ;

mais ils ignorent même ce qui est arrivé. Une poule ne distingue pas ses œufs de ceux d'un autre oiseau ; elle ne voit point que les petits canards qu'elle vient de faire éclore ne lui appartiennent point ; elle couve des œufs de craie, dont il ne doit rien résulter, avec autant d'attention que ses propres œufs ; elle ne connaît donc ni le passé ni l'avenir, et se trompe encore sur le présent. Pourquoi les oiseaux de basse-cour ne font-ils pas des nids comme les autres ? n'est-ce pas qu'étant domestiques, familiers et accoutumés à être à l'abri des inconvénients et des dangers, ils n'ont aucun besoin de se soustraire aux yeux, aucune habitude de chercher leur sûreté dans la retraite et dans la solitude ? Cela même pourrait encore se prouver par le fait ; car, dans la même espèce, l'oiseau sauvage fait souvent ce que l'oiseau domestique ne fait point. La gélinotte et la cane sauvage font des nids ; la poule et la cane domestique n'en font point. Les nids des oiseaux, les cellules des mouches, les provisions des abeilles, des fourmis, des mulots, ne supposent donc aucune intelligence dans l'animal, et n'émanent pas de quelques lois particulièrement établies pour chaque espèce, mais dépendent, comme toutes les autres opérations des animaux, du nombre, de la figure, du mouvement, de l'organisation, du sentiment, qui sont les lois de la nature générales et communes à tous les êtres animés.

Il n'est pas étonnant que l'homme, qui se connaît si peu lui-même, qui confond souvent ses sensations et ses idées, qui distingue si peu le produit de son âme de celui de son cerveau, se compare aux animaux, et n'admette entre eux et lui qu'une nuance dépendante d'un peu plus ou d'un peu moins de perfection dans les organes ; il n'est pas étonnaut qu'il les fasse raisonner, s'entendre et se déterminer comme lui, et qu'il leur attribue, non-seulement les qualités qu'il a, mais encore celles qui lui manquent : mais que l'homme s'examine, s'analyse et s'approfondisse, il reconnaîtra bientôt la noblesse de son être, il sentira l'existence de son âme, il cessera de s'avilir; et verra d'un coup d'œil la distance infinie que l'Etre suprême a mise entre les bêtes et lui.

Dieu seul connaît le passé, le présent et l'avenir; il est de tous les temps et voit dans tous les temps. L'homme, dont la durée est de si peu d'instants, ne voit que ces instants; mais une puissance vive, immortelle, compare ces instants, les distingue, les ordonne; c'est par elle qu'il connaît le présent, qu'il juge du passé et qu'il prévoit l'avenir. Otez à l'homme cette lumière divine, vous effacez, vous obscurcissez son être; il ne restera que l'animal; il ignorera le passé, ne soupçonnera pas l'avenir, et ne saura même ce que c'est que le présent.

QUALITÉS DES ANIMAUX.

L'orgueil et l'ambition des animaux tiennent à leur courage naturel, c'est-à-dire au sentiment qu'ils ont de leur force, de leur agilité, etc. Les grands dédaignent les petits, et semblent mépriser leur audace insultante : on augmente même par l'éducation ce sang-froid, cet *à-propos* de courage; on augmente ainsi leur ardeur, on leur donne de l'éducation par l'exemple, car ils sont susceptibles et capables de tout, excepté de raison. En général les animaux peuvent apprendre à faire mille fois tout ce qu'ils ont fait une fois, à faire de suite ce qu'ils ne faisaient que par intervalles, à faire pendant longtemps ce qu'ils ne faisaient que pendant un instant, à faire volontiers ce qu'ils ne faisaient d'abord que par force, à faire par habitude ce qu'ils ont fait une fois par hasard, à faire d'eux-mêmes ce qu'ils voient faire aux autres. L'imitation est de tous les résultats de la machine animale le plus admirable; c'en est le mobile le plus délicat et le plus étendu, c'est ce qui copie de plus près la pensée; et, quoique la cause en soit dans les animaux purement matérielle et mécanique, c'est par ces effets qu'ils nous étonnent davantage. Les hommes n'ont jamais plus admiré les singes que quand ils les ont vu imiter les actions humaines : en effet, il n'est point trop aisé de distinguer certaines copies de certains originaux : il y a si peu de gens d'ailleurs qui voient nettement combien il y a de distance entre faire et contrefaire, que les singes doivent être pour le gros du genre humain des êtres étonnants, humiliants, au point qu'on ne peut guère trouver mauvais qu'on ait donné sans hésiter plus d'esprit au singe qui contrefait et copie l'homme, qu'à l'homme (si peu rare parmi nous) qui ne fait ni ne copie rien.

Cependant les singes sont tout au plus des gens à talent que nous prenons pour des gens d'esprit; quoiqu'ils aient l'art de nous imiter, ils n'en sont pas moins de la nature des bêtes, qui toutes ont plus ou moins le talent de l'imitation. À la vérité, dans presque tous les animaux, ce talent est borné à l'espèce même, et ne s'étend point au-delà de l'imitation de leurs semblables; au lieu que le singe, qui n'est pas plus de notre espèce que nous ne sommes de la sienne, ne laisse pas de copier quelques-unes de nos actions : mais c'est parce qu'il nous ressemble à quelques égards, c'est parce qu'il est extérieurement à peu près conformé comme nous; et cette ressemblance grossière suffit pour qu'il puisse se donner des mouvements, et même des suites de mouvements semblables aux nôtres, pour qu'il puisse en un mot nous imiter grossièrement : en sorte que tous ceux qui ne jugent des choses que par l'extérieur, trouvent ici comme ailleurs du dessein, de l'intelligence et de l'esprit, tandis qu'en effet il n'y a que des rapports de figure, de mouvement et d'organisation.

C'est par les rapports de mouvement que le chien prend les habitudes de son maître; c'est par les rapports de figure que le singe contrefait les gestes humains; c'est par les rapports d'organisation que le serin répète des airs de musique, et que le perroquet imite le signe le moins équivoque de la pensée, la parole, qui met à l'extérieur autant de différence entre l'homme et l'homme qu'entre l'homme et la bête, puisqu'elle exprime dans les uns la lumière et la supériorité de l'esprit, qu'elle ne laisse apercevoir dans les autres qu'une confusion d'idées obscures ou empruntées, et que dans l'imbécile ou le perroquet elle marque le dernier degré de la supériorité, c'est-à-dire l'impossibilité où ils sont tous deux de produire intérieurement la pensée, quoiqu'il ne leur manque aucun des organes nécessaires pour la rendre au dehors.

Il est aisé de prouver encore mieux que l'imitation n'est qu'un effet mécanique, un résultat purement machinal dont la perfection dépend de la vivacité avec laquelle le sens intérieur matériel reçoit les impressions des objets et de la facilité de les rendre au dehors par la similitude et la souplesse des organes extérieurs. Les gens qui ont les sens exquis, délicats, faciles à ébranler, et les membres obéissants, agiles et flexibles, sont, toutes choses égales d'ailleurs, les meilleurs acteurs, les meilleurs pantomimes, les meilleurs singes : les enfants, sans y songer, prennent les habitudes du corps, empruntent les gestes, imitent les manières de ceux avec qui ils vivent; ils sont aussi très portés à répéter, à contrefaire. La plupart des jeunes gens les plus vifs et les moins pensants, qui ne voient que par les yeux du corps, saisissent cependant merveilleusement le ridicule des figures ; toute forme bizarre les affecte, toute représentation les frappe, toute nouveauté les émeut ; l'impression en est si forte qu'ils représentent eux-mêmes, ils racontent avec enthousiasme, ils copient facilement et avec grâce ; ils ont donc supérieurement le talent de l'imitation qui suppose l'organisation la plus parfaite, les dispositions du corps les plus heureuses, et auquel rien n'est plus opposé qu'une forte dose de bon sens.

Ainsi, parmi les hommes, ce sont ordinairement ceux qui réfléchissent le moins qui ont le plus ce talent de l'imitation : il n'est donc pas surprenant qu'on le trouve dans les animaux, qui ne réfléchissent point du tout ; ils doivent même l'avoir à un plus haut degré de perfection parce qu'ils n'ont rien qui s'y oppose, parce qu'ils n'ont aucun principe par lequel ils puissent avoir la volonté d'être différents les uns des autres. C'est par notre âme que nous différons entre nous ; c'est par notre âme que nous sommes nous ; c'est d'elle que vient la diversité de nos caractères et la variété de nos actions : les animaux, au contraire, qui n'ont point d'âme, n'ont point le mot qui est le principe de la différence ; la cause constitue la personne ; ils doivent donc, lorsqu'ils se ressemblent par l'organisation, ou qu'ils sont de la même espèce, se copier tous, faire tous les mêmes choses et de la même façon, s'imiter en un mot beaucoup plus parfaitement que les hommes ne peuvent s'imiter les uns les autres, et par conséquent ce talent d'imitation, bien loin de supposer de l'esprit et de la pensée dans les animaux, prouve au contraire qu'ils en sont absolument privés.

C'est par la même raison que l'éducation des animaux, quoique fort courte, est toujours heureuse ; ils apprennent en très peu de temps presque tout ce que savent leurs père et mère, et c'est par l'imitation qu'ils l'apprennent ; ils ont donc non-seulement l'expérience qu'ils peuvent acquérir par le sentiment, mais ils profitent encore, par le moyen de l'imitation, de l'expérience que les autres ont acquise.

ANIMAUX DOMESTIQUES.

L'homme change l'état naturel des animaux en les forçant à lui obéir, en les faisant servir à son usage : un animal domestique est un esclave dont on s'amuse, dont on se sert, dont on abuse, qu'on altère, qu'on dépayse et que l'on dénature ; tandis que l'animal sauvage, n'obéissant qu'à la nature, ne connaît d'autres lois que celles du besoin et de sa liberté. L'histoire d'un animal sauvage est donc bornée à un petit nombre de faits émanés de la nature, au lieu que l'histoire d'un animal domestique est compliquée de tout ce qui a rapport à l'art que l'on emploie pour l'apprivoiser ou pour le subjuguer ; et, comme on ne sait pas assez combien l'exemple, la contrainte, la force de l'habitude peuvent influer sur les animaux et changer leurs mouvements, leurs déterminations, leurs penchants, le but d'un naturaliste doit être de les observer assez pour pouvoir distinguer les faits qui dépendent de l'instinct de ceux qui ne viennent que de l'éducation, reconnaître ce qui leur appartient et ce qu'ils ont emprunté, séparer ce qu'ils font de ce qu'on leur fait faire, et ne jamais confondre l'animal avec l'homme, la bête de somme avec la créature de Dieu.

LE CHAT.

Le chat est un domestique infidèle, qu'on ne garde que par nécessité, pour l'opposer à un autre ennemi domestique encore plus incommode, et qu'on ne peut chasser; car nous ne comptons pas les gens qui, ayant du goût pour toutes les bêtes, n'élèvent les chats que pour s'en amuser; l'un est l'usage, l'autre l'abus : et, quoique ces animaux, surtout quand ils sont jeunes, aient de la gentillesse, ils ont en même temps une malice innée, un caractère faux, un naturel pervers, que l'âge augmente encore, et que l'éducation ne fait que masquer. De voleurs déterminés ils deviennent seulement, lorsqu'ils sont bien élevés, souples et flatteurs comme les fripons ; ils ont la même adresse, la même subtilité, le même goût pour faire le mal, le même penchant à la petite rapine ; comme eux ils savent couvrir leur marche, dissimuler leur dessein, épier les occasions, attendre, choisir, saisir l'instant de faire leur coup, se dérober ensuite au châtiment, fuir et demeurer éloignés jusqu'à ce qu'on les rappelle. Ils prennent aisément des habitudes de société, mais jamais des mœurs : ils n'ont que l'apparence de l'attachement; on le voit à leurs mouvements obliques, à leurs yeux équivoques : ils ne regardent jamais en face la personne aimée ; soit défiance ou fausseté, ils prennent des détours pour en approcher, pour chercher des caresses auxquelles ils ne sont sensibles que pour le plaisir qu'elles leur font. Bien différent de cet animal fidèle dont tous les sentiments se rapportent à la personne de son maître, le chat paraît ne sentir que pour soi, n'aimer que sous condition, ne se prêter au commerce que pour en abuser, et par cette convenance de naturel, il est moins incompatible avec l'homme qu'avec le chien, dans lequel tout est sincère.

La forme du corps et le tempérament sont d'accord avec le naturel ; le chat est joli, léger, adroit, propre et voluptueux ; il aime ses aises, il cherche les meubles les plus mollets pour s'y reposer et s'ébattre....

Les jeunes chats sont gais, vifs, jolis, et seraient aussi très propres à amuser les enfants, si les coups de pattes n'étaient pas à craindre ; mais leur badinage, quoique toujours agréable et léger, n'est jamais innocent, et bientôt il se tourne en malice habituelle ; et, comme ils ne peuvent exercer ces talents avec quelque avantage que sur les plus petits animaux, ils se mettent à l'affût près d'une cage, ils épient les oiseaux, les souris, les rats, et deviennent d'eux-mêmes, et sans y être dressés, plus habiles à la chasse que les chiens les mieux instruits. Leur naturel, ennemi de toute crainte, les rend incapables d'une éducation suivie. On raconte néanmoins que des moines grecs de l'île de Chypre avaient dressé des chats à chasser, prendre et tuer les serpents dont cette île était infestée ; mais c'était plutôt par le goût général qu'ils ont pour la destruction que par obéissance qu'ils chassaient, car ils se plaisent à épier, attaquer et détruire assez indifféremment tous les animaux faibles, comme les oiseaux, les jeunes lapins, les levrauts, les rats, les souris, les mulots, les chauve-souris, les taupes, les crapauds, les grenouilles, les lézards et les serpents. Ils n'ont aucune docilité, ils manquent aussi de la finesse de l'odorat, qui, dans le chien, sont deux qualités éminentes; aussi ne poursuivent-ils pas les animaux qu'ils ne voient plus, ils ne les chassent pas; mais ils les attendent, les attaquent par surprise, et, après s'en être joués longtemps, ils les tuent sans aucune nécessité, lors même qu'ils sont le mieux nourris et qu'ils n'ont aucun besoin de cette proie pour satisfaire leur appétit.

On ne peut pas dire que les chats, quoique habitants de nos maisons, soient des animaux entièrement domestiques; ceux qui sont le mieux apprivoisés n'en sont pas plus asservis : on peut même dire qu'ils sont entièrement libres; ils ne font que ce qu'ils veulent, et rien au monde ne serait capable de les retenir un instant de plus dans un lieu dont ils voudraient s'éloigner. D'ailleurs la plupart sont à demi-sauvages, ne connaissent pas leurs maîtres, ne fréquentent que les greniers et les toits, et quelquefois la cuisine et l'office, lorsque la faim les presse.

LE CHIEN.

La grandeur de la taille, l'élégance de la forme, la force du corps, la liberté des mouvements, toutes les qualités extérieures, ne sont pas ce qu'il y a de plus noble dans un être animé; et comme nous préférons dans l'homme l'esprit à la figure, le courage à la force, les sentiments à la beauté, nous jugeons aussi que les qualités intérieures sont ce qu'il y a de plus relevé dans l'animal; c'est par elles qu'il diffère de l'automate, qu'il s'élève au-dessus du végétal et s'approche de nous; c'est le sentiment qui ennoblit son être, qui le régit, qui le vivifie, qui commande aux organes, rend les membres actifs, fait naître le désir, et donne à la matière le mouvement progressif, la volonté, la vie.

La perfection de l'animal dépend donc de la perfection du sentiment; plus il est étendu, plus l'animal a de facultés et de ressources; plus il existe, plus il a de rapports avec le reste de l'univers : et lorsque le sentiment est délicat, exquis, lorsqu'il peut encore être perfectionné par l'éducation, l'animal devient digne d'entrer en société avec l'homme : il sait concourir à ses desseins, veiller à sa sûreté, l'aider, le défendre, le flatter; il sait, par des services assidus, par des caresses réitérées, se concilier son maître, le captiver, et de son tyran se faire un protecteur.

Le chien, indépendamment de la beauté de sa forme, de la vivacité, de la force, de la légèreté, a par excellence toutes les qualités intérieures qui peuvent lui attirer les regards de l'homme. Un naturel ardent, colère, même féroce et sanguinaire, rend le chien sauvage redoutable à tous les animaux, et cède dans le chien domestique aux sentiments les plus doux, au plaisir de s'attacher et au désir de plaire; il vient en rampant mettre aux pieds de son maître son courage, sa force, ses talents; il attend ses ordres pour en faire usage; il le consulte, il l'interroge, il le supplie; un coup d'œil suffit, il entend les signes de sa volonté : sans avoir, comme l'homme, la lumière de la pensée, il a toute la chaleur du sentiment : il a de plus que lui la fidélité, la constance dans ses affections; nulle ambition, nul intérêt, nul désir de vengeance, nulle crainte que celle de déplaire; il est tout zèle, tout ardeur, et tout obéissance : plus sensible au souvenir des bienfaits qu'à celui des outrages, il ne se rebute pas par les mauvais traitements, il les subit, les oublie, ou ne s'en souvient que pour s'attacher davantage; loin de s'irriter ou de fuir, il s'expose de lui-même à de nouvelles épreuves, il lèche cette main, instrument de douleur, qui vient de le frapper, et il ne lui oppose que la plainte, et la désarme enfin par la patience et la soumission.

Plus docile que l'homme, plus souple qu'aucun des animaux, non-seulement le chien s'instruit en peu de temps, mais même il se conforme aux mouvements, aux manières, à toutes les habitudes de ceux qui le commandent; il prend le ton de la maison qu'il habite; comme les autres domestiques, il est dédaigneux chez les grands et rustre à la campagne : toujours empressé pour son maître et prévenant pour ses seuls amis, il ne fait aucune attention aux gens indifférents, et se déclare contre ceux qui par état ne sont faits que pour importuner; il les connaît aux vêtements, à la voix, à leurs gestes, et les empêche d'approcher. Lorsqu'on lui a confié pendant la nuit la garde de la maison, il devient plus fier, et quelquefois féroce; il veille, il fait la ronde; il sent de loin les étrangers; et, pour peu qu'ils s'arrêtent ou tentent de franchir les barrières, il s'élance, s'oppose, et, par des aboiements réitérés, des efforts et des cris de colère, il donne l'alarme, avertit et combat; aussi furieux contre les hommes de proie que contre les animaux carnassiers, il se précipite sur eux, les blesse, les déchire, leur ôte ce qu'ils s'efforçaient d'enlever; mais, content d'avoir vaincu, il se repose sur les dépouilles, n'y touche pas, même pour satisfaire son appétit, et donne en même temps des exemples de courage, de tempérance et de fidélité.

On sentira de quelle importance cette espèce est dans l'ordre de la nature. En supposant un instant qu'elle n'eût jamais existé, comment l'homme aurait-il pu, sans le secours du chien, conquérir, dompter, réduire en esclavage les autres animaux? comment pourrait-il encore aujourd'hui découvrir, chasser, détruire les bêtes sauvages et nuisibles? Pour se mettre en sûreté, et pour se rendre maître de l'univers vivant, il a fallu commencer par se faire un parti parmi les animaux, se concilier avec douceur et par caresses ceux qui se sont trouvés capables de s'attacher et d'obéir, afin de les opposer aux autres. Le premier art de l'homme a donc été l'éducation du chien, et le fruit de cet art la conquête et la possession paisible de la terre.

La plupart des animaux ont plus d'agilité, plus de vitesse, plus de force, et même plus de courage que l'homme : la nature les a mieux munis, mieux armés ; ils ont aussi les sens, et surtout l'odorat, plus parfaits. Avoir gagné une espèce courageuse et docile comme celle du chien, c'est avoir acquis de nouveaux sens et des facultés qui nous manquent. Les machines, les instruments que nous avons imaginés pour perfectionner nos autres sens, pour en augmenter l'étendue, n'approchent pas, même pour l'utilité, de ces machines toutes faites que la nature nous présente, et qui, en suppléant à l'imperfection de notre odorat, nous ont fourni de grands et d'éternels moyens de vaincre et de régner : et le chien, fidèle à l'homme, conservera toujours une portion de l'empire, un degré de supériorité sur les autres animaux ; il leur commande, il règne lui-même à la tête d'un troupeau, il s'y fait mieux entendre que la voix du berger ; la sûreté, l'ordre et la discipline sont les fruits de sa vigilance et de son activité ; c'est un peuple qui lui est soumis, qu'il conduit, qu'il protége, et contre lequel il n'emploie jamais la force que pour y maintenir la paix.

Mais c'est surtout à la guerre, c'est contre les animaux ennemis ou indépendants qu'éclate son courage, et que son intelligence se déploie tout entière : les talents naturels se réunissent ici aux qualités acquises. Dès que le bruit des armes se fait entendre, dès que le son du cor ou la voix du chasseur a donné le signal d'une guerre prochaine, brûlant d'une ardeur nouvelle, le chien marque sa joie par les plus vifs transports, il annonce par ses mouvements et par ses cris l'impatience de combattre et le désir de vaincre : marchant ensuite en silence, il cherche à reconnaître le pays, à découvrir, à surprendre l'ennemi dans son fort; il recherche ses traces, il les suit pas à pas, et par des accents différents indique le temps, la distance, l'espèce, et même l'âge de celui qu'il poursuit.

Intimidé, préssé, désespérant de trouver son salut dans la fuite, l'animal se sert aussi de toutes ses facultés; il oppose la ruse à la sagacité; jamais les ressources de l'instinct ne furent plus admirables; pour faire perdre sa trace, il va, vient et revient sur ses pas; il fait des bonds, il voudrait se détacher de la terre et supprimer les espaces; il franchit d'un saut les routes, les haies, passe à la nage les ruisseaux, les rivières; mais toujours poursuivi, et ne pouvant anéantir son corps, il cherche à en mettre un autre à sa place, il va lui-même troubler le repos d'un voisin plus jeune et moins [expérimenté, le faire lever, marcher, fuir avec lui; et lorsqu'ils ont confondu leurs traces, lorsqu'il croit l'avoir substitué à sa mauvaise fortune, il le quitte plus brusquement encore qu'il ne l'a joint, afin de le rendre seul l'objet de la victime de l'ennemi trompé.

Mais le chien, par cette supériorité que donnent l'exercice et l'éducation, par cette finesse de sentiment qui n'appartient qu'à lui, ne perd pas l'objet de sa poursuite : il démêle les points communs, délie les nœuds du fil tortueux qui seul peut y conduire; il voit de l'odorat tous les détours du labyrinthe, toutes les fausses routes où l'on a voulu l'égarer; et, loin d'abandonner l'ennemi pour un indifférent, après avoir triomphé de la ruse, il s'indigne, il redouble d'ardeur, arrive enfin, l'attaque, et, le mettant à mort, étanche dans le sang sa soif et sa haine.

Le penchant pour la chasse ou la guerre nous est commun avec les animaux ; l'homme sauvage ne sait que combattre et chasser. Tous les animaux qui aiment la chair, et qui ont de la force et des armes, chassent naturellement : le lion, le tigre, dont la force est si grande qu'ils sont sûrs de vaincre, chassent seuls et sans art ; les loups, les renards, les chiens sauvages, se réunissent, s'entendent, s'aident, se relaient, et partagent la proie ; et lorsque l'éducation a perfectionné ce talent naturel dans le chien domestique, lorsqu'on lui a appris à réprimer son ardeur, à mesurer ses mouvements, qu'on l'a accoutumé à une marche régulière et à l'espèce de discipline nécessaire à cet art, il chasse avec méthode, et toujours avec succès.

Dans les pays déserts, dans les contrées dépeuplées, il y a des chiens sauvages qui, pour les mœurs, ne diffèrent des loups que par la facilité qu'on trouve à les apprivoiser ; ils se réunissent aussi en plus grandes troupes pour chasser et attaquer en force les sangliers, les taureaux sauvages, et même les lions et les tigres. En Amérique, ces chiens sauvages sont des races entièrement domestiques ; ils y ont été transportés d'Europe ; et quelques-uns, ayant été oubliés ou abandonnés dans ces déserts, s'y sont multipliés au point qu'ils se répandent par troupes dans les contrées habitées, où ils attaquent le bétail et insultent même les hommes ; on est donc obligé de les écarter par la force et de les tuer comme les autres bêtes féroces ; et les chiens sont tels en effet, tant qu'ils ne connaissent pas les hommes : mais lorsqu'on les approche avec douceur, ils s'adou-

cissent, deviennent bientôt familiers, et demeurent fidèlement attachés à leurs maîtres ; au lieu que le loup,
quoique pris jeune et élevé dans la maison, n'est doux
que dans le premier âge, ne perd jamais son goût pour
la proie, et se livre tôt ou tard à son penchant pour la
rapine et la destruction.

L'on peut dire que le chien est le seul animal dont
la fidélité soit à l'épreuve ; le seul qui connaisse toujours son maître et les amis de la maison ; le seul qui,
lorsqu'il arrive un inconnu, s'en aperçoive ; le seul qui
entende son nom, et qui reconnaisse la voix domestique ; le seul qui ne se confie point à lui-même ; le seul
qui, lorsqu'il a perdu son maître et qu'il ne peut le
trouver, l'appelle par ses gémissements ; le seul qui,
dans un voyage long qu'il n'aura fait qu'une fois, se
souvienne du chemin et retrouve la route ; le seul enfin
dont les talents naturels soient évidents et l'éducation
toujours heureuse.

Et de même que de tous les animaux le chien est celui dont le naturel est de plus susceptible d'impression
et se modifie le plus aisément par les causes morales,
il est aussi de tous celui dont la nature est la plus sujette aux variétés et aux altérations causées par les in-
fluences physiques : le tempérament, les facultés, les
habitudes du corps varient prodigieusement, la forme
même n'est pas constante : dans le même pays un chien
est très différent d'un autre chien, et l'espèce est,
pour ainsi dire, toute différente d'elle-même dans les
différents climats. Si l'on considère que le chien de
berger, malgré sa laideur et son air triste et sauvage,
est cependant supérieur par l'instinct à tous les autres
chiens ; qu'il a un caractère décidé auquel l'éducation
n'a point de part ; qu'il est le seul qui naisse, pour
ainsi dire, tout élevé, et que, guidé par le seul naturel,

il s'attache de lui-même à la garde des troupeaux avec
une assiduité, une vigilance, une fidélité singulières ;
qu'il les conduit avec une intelligence admirable et non
communiquée ; que ses talents font l'étonnement et le
repos de son maître, tandis qu'il faut au contraire beaucoup de temps et de peines pour instruire les autres
chiens, et les dresser aux usages auxquels on les destine, on se confirmera dans l'opinion que ce chien est
le vrai chien de la nature, celui qu'elle nous a donné
pour la plus grande utilité, celui qui a le plus de rapport avec l'ordre général des êtres vivants, qui ont
mutuellement besoin les uns des autres ; celui enfin
qu'on doit regarder comme la souche et le modèle de
l'espèce entière.

LE CHEVAL.

§ 1. La plus noble conquête que l'homme ait jamais
faite est celle de ce fier et fougueux animal, qui partage
avec lui les fatigues de la guerre et la gloire des combats : aussi intrépide que son maître, le cheval voit le
péril et l'affronte ; il se fait au bruit des armes, il
l'aime, il le cherche, et s'anime de la même ardeur : il
partage aussi ses plaisirs ; à la chasse, aux tournois, à
la course, il brille, il étincelle ; mais, docile autant que
courageux, il ne se laisse point emporter à son feu, il
sait réprimer ses mouvements ; non-seulement il fléchit
sous la main de celui qui le guide, mais il semble consulter ses désirs ; et obéissant toujours aux impressions
qu'il en reçoit, il se précipite, se modère ou s'arrête,
et n'agit que pour y satisfaire ; c'est une créature qui
renonce à son être pour n'exister que par la volonté d'un
autre, qui sait même la prévenir ; qui, par la prompti-
tude et la précision de ses mouvements, l'exprime et

l'exécute ; qui sent autant qu'on le désire, et ne rend qu'autant qu'on veut ; qui, se livrant sans réserve, ne se refuse à rien, sert de toutes ses forces, s'excède, et même meurt pour mieux obéir.

Voilà le cheval dont les talents sont développés, dont l'art a perfectionné les qualités naturelles, qui dès le premier âge a été soigné, et ensuite exercé, dressé au service de l'homme ; c'est par la perte de sa liberté que commence son éducation, et c'est par la contrainte qu'elle s'achève : l'esclavage ou la domesticité de ces animaux est même si universelle, si ancienne, que nous ne les voyons que rarement dans leur état naturel ; ils sont toujours couverts de harnais dans leurs travaux ; on ne les délivre jamais de tous leurs liens, même dans les temps du repos ; et si on les laisse quelquefois errer en liberté dans les pâturages, ils y portent toujours les marques de la servitude, et souvent les empreintes cruelles du travail et de la douleur : la bouche est déformée par les plis que le mors a produits, les flancs sont entamés par les plaies, ou sillonnés de cicatrices faites par l'éperon, la corne des pieds est traversée par des clous, l'attitude du corps est encore gênée par l'impression subsistante des entraves habituelles ; on les en délivrerait en vain, ils n'en seraient pas plus libres : ceux mêmes dont l'esclavage est le plus doux, qu'on ne nourrit, qu'on n'entretient que pour le luxe et la magnificence, et dont les chaînes dorées servent encore moins à leur parure qu'à la vanité de leur maître, sont encore plus déshonorés par l'élégance de leur toupet, par les tresses de leurs crins, par l'or et la soie dont on les couvre, que par les fers qui sont sous leurs pieds.

La nature est plus belle que l'art, et dans un être animé la liberté des mouvements fait la belle nature. Voyez ces chevaux qui se sont multipliés dans les contrées de l'Amérique espagnole, et qui y vivent en chevaux libres ; leur démarche, leur course, leurs sauts, ne sont ni gênés ni mesurés ; fiers de leur indépendance, ils fuient la présence de l'homme, ils dédaignent ses soins, ils cherchent et trouvent eux-mêmes la nourriture qui leur convient ; ils errent, ils bondissent en liberté dans les prairies immenses, où ils cueillent les productions nouvelles d'un printemps toujours nouveau : sans habitation fixe, sans autre abri que celui d'un ciel serein, ils respirent un air plus pur que celui de ces palais voûtés où nous les renfermons en pressant les espaces qu'ils doivent occuper : aussi ces chevaux sauvages sont-ils beaucoup plus forts, plus légers , plus nerveux que la plupart des chevaux domestiques ; ils ont ce que donne la nature, la force et la noblesse ; les autres n'ont que ce que l'art peut donner, l'adresse et l'agrément.

Le naturel de ces animaux n'est point féroce : ils sont seulement fiers et sauvages ; quoique supérieurs par la force à la plupart des autres animaux, jamais ils ne les attaquent ; et, s'ils en sont attaqués, ils les dédaignent, les écartent et les écrasent : ils vont aussi par troupes, et se réunissent pour le seul plaisir d'être ensemble, car ils n'ont aucune crainte ; mais ils prennent de l'attachement les uns pour les autres. Comme l'herbe et les végétaux suffisent à leur nourriture, qu'ils ont abondamment de quoi satisfaire leur appétit, et qu'ils n'ont aucun goût pour la chair des animaux, ils ne leur font point la guerre, ils ne se la font point entre eux, ils ne se disputent pas leur subsistance, ils n'ont jamais occasion de se ravir une proie ou de s'arracher un bien, sources ordinaires de querelles et de combats parmi les autres animaux carnassiers ; ils vivent donc en paix, parce que leurs appétits sont simples et modérés, et qu'ils ont assez pour ne se rien envier.

Tout cela peut se remarquer dans les jeunes chevaux qu'on élève ensemble et qu'on mène en troupeaux ; ils ont des mœurs douces et des qualités sociales : leur force et leur ardeur ne se marquent ordinairement que par des signes d'émulation ; ils cherchent à se devancer à la course, et à se faire et même s'animer au péril en se défiant à traverser une rivière, sauter un fossé ; et ceux qui, dans ces exercices naturels, donnent l'exemple, ceux qui d'eux-mêmes vont les premiers, sont les plus généreux, les meilleurs, et souvent les plus dociles et les plus souples, lorsqu'ils sont une fois domptés.

§ 2. Le cheval est de tous les animaux celui qui, avec une grande taille, a le plus de proportion et d'élégance dans les parties de son corps ; car en lui comparant les animaux qui sont immédiatement au-dessus et au-desous, on verra que l'âne est mal fait, que le lion a la tête trop grosse, que le bœuf à les jambes trop minces et trop courtes pour la grosseur de son corps, que le chameau est difforme, et que les plus gros animaux, le rhinocéros et l'éléphant, ne sont, pour ainsi dire, que des masses informes. Le grand allongement des mâchoires est la principale cause de la différence entre la tête des quadrupèdes et celle de l'homme ; c'est aussi le caractère le plus ignoble de tous ; cependant, quoique les mâchoires du cheval soient fort allongées, il n'a pas comme l'âne un air d'imbécilité, ou de stupidité comme le bœuf ; la régularité des proportions de sa tête lui donne au contraire un air de légèreté qui est bien soutenu par la beauté de son encolure. Le cheval semble vouloir se mettre au-dessus de son état de quadrupède en élevant sa tête ; dans cette noble attitude, il regarde l'homme face à face ; ses yeux sont vifs et bien ouverts, ses oreilles sont bien faites et d'une juste grandeur, sans être courtes comme celles du taureau, ou trop longues comme celles de l'âne; sa crinière accompagne bien sa tête, orne son cou, et lui donne un air de force et de fierté; sa queue traînante et touffue couvre et termine avantageusement l'extrémité de son corps; bien différente de la courte queue du cerf, de l'éléphant, etc., et de la queue nue de l'âne, du chameau, du rhinocéros, etc., la queue du cheval est formée par des crins épais et longs qui semblent sortir de la croupe, parce que le tronçon dont ils sortent est fort court; il ne peut relever sa queue comme le lion, mais elle lui sied bien mieux quoique abaissée; et comme il peut la mouvoir de côté, il s'en sert utilement pour chasser les mouches qui l'incommodent; car, quoique sa peau soit très ferme, et qu'elle soit garnie partout d'un poil épais et serré, elle est cependant très sensible.

L'attitude de la tête et du cou contribue plus que celle de toutes les autres parties du corps à donner au cheval un noble maintien; la partie supérieure de l'encolure, dont sort la crinière, doit s'élever d'abord en ligne droite en sortant du garrot, et former ensuite, en approchant de la tête, une courbe à peu près semblable à celle du cou d'un cygne; la partie inférieure de l'encolure ne doit former aucune courbure; il faut que sa direction soit en ligne droite depuis le poitrail jusqu'à la ganache, et un peu penchée en avant; si elle était perpendiculaire, l'encolure serait fausse : il faut aussi que la partie supérieure du cou soit mince, et qu'il y ait peu de chair auprès de la crinière, qui doit être médiocrement garnie de crins longs et déliés; une belle encolure doit être longue et relevée, et cependant proportionnée à la taille du cheval; lorsqu'elle est trop

longue et trop menue, les chevaux donnent ordinairement des coups de tête, et quand elle est trop courte et
trop charnue, ils sont pesants à la main; et pour què
a tête soit plus avantageusement placée, il faut que le
front soit perpendiculaire à l'horizon.

La tête doit être sèche et menue, sans être trop longue, les oreilles peu distantes, petites, droites, immo-
biles, déliées et étroites, bien plantées sur le haut de
la tête, le front étroit et un peu convexe, les salières
remplies, les paupières minces, les yeux clairs, vifs,
pleins de feu, assez gros et avancés à fleur de tête, la
prunelle grande, la ganache décharnée et peu épaisse,
le nez un peu arqué, les naseaux bien ouverts et bien
fendus, la cloison du nez mince, les lèvres déliées, la
bouche médiocrement fendue, le garrot élevé et tran-
chant, les épaules sèches, plates et peu serrées, le dos
égal, uni, insensiblement arqué sur la longueur, et relevé des deux côtés de l'épine qui doit paraître enfon-
cée, les flancs pleins et courts, la croupe ronde et bien
fournie, la hanche bien garnie, le tronçon de la queue
épais et ferme, les bras et les cuisses gros et charnus,
le genou rond en devant, le jarret ample et évidé, les
canons minces sur le devant et larges sur les côtés, le
nerf bien détaché, le boulet menu, le fanon peu garni,
le paturon gros et d'une médiocre longueur, la cou-
ronne peu élevée, la corne noire, unie et luisante, le
sabot haut, les quartiers ronds, les talons larges et médiocrement élevés, la fourchette menue et maigre, et la
selle épaisse et concave.

L'ANE.

L'âne n'est point un cheval dégénéré; il n'est ni
étranger, ni intrus, ni bâtard; il a, comme tous les au-

tres animaux, sa famille, son espèce et son rang ; son
sang est pur, et quoique sa noblesse soit moins illustre,
elle est tout aussi bonne, tout aussi ancienne que celle
du cheval : pourquoi donc tant de mépris pour cet animal si bon, si patient, si sobre, si utile ? Les hommes
mépriseraient-ils, jusque dans les animaux, ceux qui
les servent trop bien et à trop peu de frais ? On donne
au cheval de l'éducation, on le soigne, on l'instruit, on
l'exerce ; tandis que l'âne, abandonné à la grossièreté
du dernier des valets, ou à la malice des enfants, bien
loin d'acquérir, ne peut que perdre par son éducation ;
et s'il n'avait pas un grand fonds de bonnes qualités, il
les perdrait en effet par la manière dont on le traite :
il est le jouet, le plastron, le bardot des rustres qui le
conduisent le bâton à la main, qui le frappent, le sur-
chargent, l'excèdent sans précaution, sans ménagement.
On ne fait pas attention que l'âne serait par lui-même,
et pour, nous le premier le plus beau, le mieux fait, le
plus distingué des animaux, si dans le monde il n'y
avait point de cheval ; il est le second au lieu d'être le
premier, et par cela seul il semble n'être plus rien :
c'est la comparaison qui le dégrade : on le regarde, on
le juge, non pas en lui-même, mais relativement au
cheval ; on oublie qu'il est âne, qu'il a toutes les qualités de sa nature, tous les dons attachés à son espèce,
et on ne pense qu'à la figure et aux qualités du cheval,
qui lui manquent, et qu'il ne doit pas avoir.

Il est de son naturel aussi humble, aussi patient,
aussi tranquille, que le cheval est fier, ardent, impétueux ; il souffre avec constance, et peut-être avec courage, les châtiments et les coups ; il est sobre, et sur la
quantité et sur la qualité de la nourriture ; il se contente des herbes les plus dures, les plus désagréables,
que le cheval et les autres animaux lui laissent et dé-

daignent; il est fort délicat sur l'eau, il ne veut boire que de la plus claire et aux ruisseaux qui lui sont connus; il boit aussi sobrement qu'il mange, et n'enfonce point du tout son nez dans l'eau, par la peur que lui fait, dit-on, l'ombre de ses oreilles. Comme l'on ne prend pas la peine de l'étriller, il se roule souvent sur le gazon, sur les chardons, sur la fougère; et sans se soucier beaucoup de ce qu'on lui fait porter, il se couche pour se rouler toutes les fois qu'il le peut, et semble par là reprocher à son maître le peu de soin qu'on prend de lui; car il ne se vautre pas, comme le cheval, dans la fange et dans l'eau; il craint même de se mouiller les pieds, et se détourne pour éviter la boue : aussi a-t-il la jambe plus sèche et plus nette que le cheval : il est susceptible d'éducation, et l'on en a vu d'assez bien dressés pour faire curiosité de spectacle.

Dans la première jeunesse il est gai, et même assez joli; il a de la légèreté et de la gentillesse; mais il la perd bientôt, soit par l'âge, soit par les mauvais traitements, et il devient lent, indocile et têtu... Il s'attache cependant à son maître, quoiqu'il en soit ordinairement maltraité ; il le sent de loin et le distingue de tous les autres hommes; il reconnaît aussi les lieux qu'il a coutume d'habiter, les chemins qu'il a fréquentés; il a les yeux bons, l'odorat admirable, l'oreille excellente, ce qui a encore contribué à le faire mettre au nombre des animaux timides, qui ont tous, à ce qu'on prétend, l'ouïe très fine et les oreilles longues. Lorsqu'on le surcharge, il le marque en inclinant la tête et baissant les oreilles; lorsqu'on le tourmente trop, il ouvre la bouche et retire les lèvres d'une manière très désagréable, ce qui lui donne l'air moqueur et dérisoire; si on lui couvre les yeux, il reste immobile; et lorsqu'il est couché sur le côté, si on lui place la tête de manière que l'œil soit

appuyé sur la terre et qu'on couvre l'autre œil avec une
pierre ou un morceau de bois, il restera dans cette situation sans faire aucun mouvement et sans se secouer
pour se relever. Il marche, il trotte et il galope comme
le cheval; mais tous ses mouvements sont petits et
beaucoup plus lents : quoiqu'il puisse d'abord courir
avec assez de vitesse, il ne peut fournir qu'une petite
carrière pendant un petit espace de temps; et quelle
allure qu'il prenne, si on le presse, il est bientôt rendu.

LE BŒUF.

L'homme sait user en maître de sa puissance sur les
animaux; il a choisi ceux dont la chair flatte son goût,
il en a fait des esclaves domestiques, il les a multipliés
plus que la nature ne l'aurait fait, il en a formé des
troupeaux nombreux, et, par les soins qu'il prend de
les faire naître, il semble avoir acquis le droit de se
les immoler : mais il étend ce droit bien au-delà de ses
besoins; car, indépendamment de ces espèces qu'il s'est
assujéties, et dont il dispose à son gré, il fait aussi la
guerre aux animaux sauvages, aux oiseaux, aux pois-
sons; il ne se borne pas même à ceux du climat qu'il
habite, il va chercher au loin, et jusqu'au milieu des
mers, de nouveaux mets, et la nature entière semble
suffire à peine à son intempérance et à l'inconstante variété de ses appétits. L'homme consomme, engloutit lui
seul plus de chair que tous les animaux ensemble n'en
dévorent; il est donc le plus grand destructeur, et cela
plus par abus que par nécessité. Au lieu de jouir mo-
dérément des biens qui lui sont offerts, au lieu de les
dispenser avec équité, au lieu de réparer à mesure
qu'il détruit, de renouveler lorsqu'il anéantit, l'homme
riche met toute sa gloire à consommer, toute sa gran-

deur à perdre en un jour à sa table plus de bien qu'il n'e faudrait pour faire subsister plusieurs familles ; il abuse également et des animaux et des hommes, dont le reste demeure affamé, languit dans la misère, et ne travaille que pour satisfaire à l'appétit immodéré et à la vanité encore plus insatiable de cet homme qui, détruisant les autres par la disette, se détruit lui-même par les excès.

Le bœuf, le mouton et les autres animaux qui paissent l'herbe, non-seulement sont les meilleurs, les plus utiles, les plus précieux pour l'homme, puisqu'ils le nourrissent, mais sont encore ceux qui consomment et dépensent le moins : le bœuf surtout est à cet égard l'animal par excellence ; car il rend à la terre tout autant qu'il en tire, et même il améliore le fonds sur lequel il vit ; il engraisse son pâturage, au lieu que le cheval et la plupart des autres animaux amaigrissent en peu d'années les meilleures prairies.

Mais ce ne sont pas là les seuls avantages que le bétail procure à l'homme ; sans le bœuf les pauvres et les riches auraient beaucoup de peine à vivre, la terre demeurerait inculte, les champs et même les jardins seraient secs et stériles ; c'est sur lui que roulent tous les travaux de la campagne ; il est le domestique le plus utile de la ferme, le soutien du ménage champêtre ; il fait toute la force de l'agriculture : autrefois il faisait toute la richesse des hommes, et aujourd'hui il est encore la base de l'opulence des états, qui ne peuvent se soutenir et fleurir que par la culture des terres et par l'abondance du bétail, puisque ce sont les seuls biens réels, tous les autres, et même l'or et l'argent, n'étant que des biens arbitraires, des représentations, des monnaies de crédit qui n'ont de valeur qu'autant que le produit de la terre leur en donne.

Le bœuf ne convient pas autant que le cheval, l'âne, le chameau, etc., pour porter des fardeaux : la forme de son dos et de ses reins le démontre ; mais la grosseur de son dos et la largeur de ses épaules indiquent assez qu'il est propre à tirer et à porter le joug : c'est aussi de cette manière qu'il tire le plus avantageusement, et il est singulier que cet usage ne soit pas général, et que dans des provinces entières on l'oblige à tirer par les cornes ; la seule raison qu'on ait pu m'en donner, c'est que, quand il est attelé par les cornes, on le conduit plus aisément : il a la tête très forte, et il ne laisse pas de tirer assez bien de cette façon, mais avec beaucoup moins d'avantage que quand il tire par les épaules. Il semble avoir été fait exprès pour la charrue ; la masse de son corps, la lenteur de ses mouvements, le peu de hauteur de ses jambes, tout, jusqu'à sa tranquillité et sa patience dans le travail, semble concourir à le rendre propre à la culture des champs, et plus capable qu'aucun autre de vaincre la résistance constante et toujours nouvelle que la terre oppose à ses efforts. Le cheval, quoique peut-être aussi fort que le bœuf, est moins propre à cet ouvrage ; il est trop élevé sur ses jambes ; ses mouvements sont trop grands, trop brusques, et d'ailleurs il s'impatiente et se rebute trop aisément ; on lui ôte même toute la légèreté, toute la souplesse de ses mouvements, toute la grâce de son attitude et de sa démarche, lorsqu'on le réduit à ce travail pesant, pour lequel il faut plus de constance que d'ardeur, plus de masse que de vitesse, et plus de poids que de ressorts.

LE COCHON.

De tous les quadrupèdes, le cochon paraît être l'animal le plus brut : les imperfections de la forme semblent influer sur le naturel ; toutes ses habitudes sont grossières, tous ses goûts sont immondes, toutes ses sensations se réduisent à une gourmandise brutale, qui lui fait dévorer indistinctement tout ce qui se présente, et même sa progéniture, au moment qu'elle vient de naître. Sa voracité dépend apparemment du besoin continuel qu'il a de remplir la grande capacité de son estomac, et la grossièreté de ses appétits de l'hébétation des sens du goût et du toucher. La rudesse du poil, la dureté de la peau, l'épaisseur de la graisse, rendent ces animaux peu sensibles aux coups : l'on a vu des souris se loger sur leur dos et leur manger le lard et la peau sans qu'ils parussent le sentir. Ils ont donc le toucher fort obtus, et le goût aussi grossier que le toucher. Leurs autres sens sont bons ; les chasseurs n'ignorent pas que les cochons voient, entendent et sentent de fort loin, puisqu'ils sont obligés, pour les surprendre, de les attendre en silence pendant la nuit, et de se placer au-dessous du vent pour dérober à leur odorat les émanations qui les frappent de loin, et toujours assez vivement pour leur faire sur-le-champ rebrousser chemin. Cette imperfection dans les sens du goût et du toucher est encore augmentée par une maladie qui les rend ladres, c'est-à-dire presque absolument insensibles, et de laquelle il faut peut-être moins chercher la première origine dans la texture de la chair ou de la peau de cet animal, que dans sa malpropreté naturelle et dans la corruption qui doit résulter des nourritures infectes dont il se remplit quelquefois : car le sanglier, qui n'a point de pareilles ordures à dévorer, et qui vit ordinairement de grains, de fruits et de racines, n'est point sujet à cette maladie, non plus que le jeune cochon pendant qu'il tette : on ne la prévient même qu'en tenant le cochon domestique dans une étable propre, et en lui donnant abondamment des nourritures saines. La chair deviendra même excellente au goût, et le lard ferme et cassant, si, comme je l'ai vu pratiquer, on le tient, pendant quinze jours ou trois semaines avant de le tuer, dans une étable pavée et toujours propre, sans litière, en ne lui donnant alors pour toute nourriture que du grain de froment sec et pur, et ne le laissant boire que très peu. On choisit pour cela un jeune cochon d'un an, en bonne chair et à moitié gras.

LA CHÈVRE.

§ 1. Quoique les espèces dans les animaux soient toutes séparées par un intervalle que la nature ne peut franchir, quelques-unes semblent se rapprocher par un si grand nombre de rapports, qu'il ne reste, pour ainsi dire, entre elles que l'espace nécessaire pour tirer la limite de séparation ; et lorsque nous comparons ces espèces voisines, et que nous les considérons relativement à nous, les unes se présentent comme des espèces de première utilité, et les autres semblent n'être que des espèces auxiliaires qui pourraient, à bien des égards, remplacer les premières, et nous servir aux mêmes usages. L'âne pourrait presque remplacer le cheval ; et de même, si l'espèce de la brebis venait à nous manquer, celle de la chèvre pourrait y suppléer. La chèvre fournit du lait comme la brebis, et même en plus grande abondance ; elle donne aussi du suif en quantité : son poil, quoique plus rude que la laine, sert à faire de très bonnes étoffes ; sa peau vaut mieux que celle du mouton. La chair du chevreau approche assez de celle de l'agneau.

§ 2. La chèvre a, de sa nature, plus de sentiment et

de ressource que la brebis ; elle vient à l'homme volontiers, elle se familiarise aisément, elle est sensible aux caresses et capable d'attachement ; elle est aussi plus forte, plus légère, plus agile et moins timide que la brebis ; elle est vive, capricieuse et vagabonde. Ce n'est qu'avec peine qu'on la conduit et qu'on peut la réduire en troupeau : elle aime à s'écarter dans les solitudes, à grimper sur les lieux escarpés, à se placer, et même à dormir sur la pointe des rochers et sur le bord des précipices ; elle est robuste, aisée à nourrir ; presque toutes les herbes lui sont bonnes, et il y en a peu qui l'incommodent. Le tempérament qui, dans tous les animaux influe beaucoup sur le naturel, ne paraît cependant pas dans la chèvre différer essentiellement de celui des brebis. Ces deux espèces d'animaux, dont l'organisation intérieure est presque entièrement semblable, se nourrissent, croissent et multiplient de la même manière, et se ressemblent encore par le caractère des maladies, qui sont les mêmes, à l'exception de quelques-unes auxquelles la chèvre n'est pas sujette : elle ne craint pas, comme la brebis, la trop grande chaleur ; elle dort au soleil, et s'expose volontiers à ses rayons les plus vifs, sans être incommodée, et sans que cette ardeur lui cause ni étourdissements ni vertiges ; elle ne s'effraie point des orages, ne s'impatiente pas à la pluie ; mais elle paraît être sensible à la rigueur du froid. Les mouvements extérieurs, lesquels, comme nous l'avons dit, dépendent beaucoup moins de la conformation du corps que de la force et de la variété des sensations relatives à l'appétit et au désir, sont, par cette raison, beaucoup moins mesurés, beaucoup plus vifs dans la chèvre que dans la brebis. L'inconstance de son naturel se marque par l'irrégularité de ses actions ; elle marche, elle s'arrête, elle court, elle bondit, elle saute, s'approche, s'é-

loigue, se montre, se cache, ou fuit, comme par caprice,
et sans autre cause déterminante que celle de la vivacité bizarre de son sentiment intérieur ; et toute la souplesse des organes, tout le nerf du corps, suffisent à
peine à la pétulance et à la rapidité de ces mouvements
qui lui sont naturels.

LA BREBIS.

Si l'on fait attention à la faiblesse et à la stupidité
de la brebis ; si l'on considère en même temps que cet
animal sans défense ne peut même trouver son salut
dans la fuite ; qu'il a pour ennemis tous les animaux
carnassiers, qui semblent le chercher de préférence et
le dévorer par goût ; que d'ailleurs cette espèce produit
peu ; que chaque individu ne vit que peu de temps, etc.,
on serait tenté d'imaginer que dès les commencements
la brebis a été confiée à la garde de l'homme ; qu'elle a
eu besoin de sa protection pour subsister et de ses soins
pour se multiplier, puisqu'en effet on ne trouve point
de brebis sauvages dans les déserts ; que, dans tous les
lieux où l'homme ne commande pas , le lion, le tigre,
le loup règnent par la force ou par la cruauté ; que ces
animaux de sang et de carnage vivent plus longtemps,
et multiplient tous beaucoup plus que la brebis ; et
qu'enfin , si l'on abandonnait encore aujourd'hui dans
nos campagnes les tróupeaux nombreux de cette espèce
que nous avons tant multipliée, ils seraient bientôt détruits sous nos yeux, et l'espèce entière anéantie par le
nombre et la voracité des espèces ennemiés.

Il paraît donc que ce n'est que par notre secours et
par nos soins que cette espèce a duré, dure, et pourra
durer encore : il paraît qu'elle ne subsisterait pas par
elle-même. La brebis est absolument sans ressource et

sans défense; le bélier n'a que de faibles armes; son courage n'est qu'une pétulance inutile pour lui-même, incommode pour les autres : les moutons sont encore plus timides que les brebis : c'est par crainte qu'ils se rassemblent si souvent en troupeaux; le moindre bruit extraordinaire suffit pour qu'ils se précipitent et se serrent les uns contre les autres; et cette crainte est accompagnée de la plus grande stupidité; car ils ne savent pas fuir le danger, ils semblent même ne pas sentir l'incommodité de leur situation; ils restent où ils se trouvent, à la pluie, à la neige; ils y demeurent opiniâtrément; et pour les obliger à changer de lieu et à prendre une route, il leur faut un chef qu'on instruit à marcher le premier, et dont ils suivent tous les mouvements pas à pas : ce chef demeurerait également avec le reste du troupeau, sans mouvement, dans la même place, s'il n'était chassé par le berger ou excité par le chien commis à leur garde, lequel sait en effet veiller à leur sûreté, les défendre, les diriger, les séparer, les rassembler, et leur communiquer les mouvements qui leur manquent.

Ce sont donc, de tous les animaux quadrupèdes, les plus stupides; ce sont ceux qui ont le moins de ressource et d'instinct; les chèvres, qui leur ressemblent à tant d'autres égards, ont beaucoup plus de sentiment; elles savent se conduire, elles évitent les dangers, elles se familiarisent aisément avec les nouveaux objets, au lieu que la brebis ne sait ni fuir ni s'approcher; quelque besoin qu'elle ait de secours, elle ne vient point à l'homme aussi volontiers que la chèvre; et, ce qui dans les animaux paraît être le dernier degré de la timidité ou de l'insensibilité, elle se laisse enlever son agneau sans le défendre, sans résister, et sans marquer sa douleur par un cri différent du bêlement ordinaire.

Mais cet animal si chétif en lui-même, si dépourvu de sentiment, si dénué de qualités intérieures, est pour l'homme l'animal le plus précieux, celui dont l'utilité est la plus immédiate et la plus étendue : seul il peut suffire aux besoins de première nécessité ; il fournit tout à la fois de quoi se vêtir, sans compter les avantages particuliers que l'on sait tirer du suif, du lait, de la peau, et même des boyaux, des os et du fumier de cet animal, auquel il semble que la nature n'ait, pour ainsi dire, rien accordé en propre, rien donné que pour le rendre à l'homme... Le jeune agneau cherche lui-même dans un nombreux troupeau, trouve et saisit la mamelle de sa mère sans jamais se méprendre. L'on dit aussi que les moutons sont sensibles aux douceurs du chant, qu'ils paissent avec plus d'assiduité, qu'ils se portent mieux, qu'ils engraissent au son du chalumeau, que la musique a pour eux des attraits; mais l'on dit encore plus souvent, et avec plus de fondement, qu'elle sert au moins à charmer l'ennui du berger, et que c'est à ce genre de vie oisive et solitaire que l'on doit rapporter l'origine de cet art.

LES ANIMAUX SAUVAGES.

Dans les animaux domestiques et dans l'homme, nous n'avons vu la nature que contrainte, rarement perfectionnée, souvent altérée, défigurée, et toujours environnée d'entraves ou chargée d'ornements étrangers : maintenant elle va paraître nue, parée de sa seule simplicité, mais plus piquante par sa beauté naïve, sa démarche légère, son air libre, et par les autres attributs de la noblesse et de l'indépendance. Nous la verrons, parcourant en souveraine la surface de la terre, partager son domaine entre les animaux, assigner à chacun son élément, son climat, sa subsistance : nous la verrons dans les forêts, dans les eaux, dans les plaines, dictant ses lois simples, mais immuables, imprimant sur chaque espèce ses caractères inaltérables, et dispensant avec équité ses dons, compenser le bien et le mal ; donner aux uns la force et le courage, accompagnés du besoin et de la voracité ; aux autres, la douceur, la tempérance, la légèreté du corps, avec la crainte, l'inquiétude et la timidité ; à tous la liberté avec des mœurs constantes ; à tous les désirs toujours aisés à satisfaire et toujours suivis d'une heureuse fécondité.

Les uns, et ce sont les plus doux, les plus innocents, les plus tranquilles, se contentent de s'éloigner, et passent leur vie dans nos campagnes : ceux qui sont plus défiants, plus farouches, s'enfoncent dans les bois ; d'autres, comme s'ils savaient qu'il n'y a nulle sûreté pour eux sur la surface de la terre, se creusent des demeures souterraines, se réfugient dans des cavernes, ou gagnent les sommets des montagnes les plus inaccessibles ; enfin les plus féroces, ou plutôt les plus fiers, n'habitent que les déserts, et règnent en souverains dans ces climats brûlants, où l'homme, aussi sauvage qu'eux, ne peut leur disputer l'empire.

Cependant les animaux sauvages et libres sont peut-être, sans même en excepter l'homme, de tous les êtres vivants les moins sujets aux altérations, aux changements, aux variations de tout genre : comme ils sont absolument les maîtres de choisir leur nourriture et leur climat, et qu'ils ne se contraignent pas plus qu'on les contraint, leur nature varie moins que celle des animaux domestiques, que l'on asservit, que l'on transporte, que l'on maltraite, et qu'on nourrit sans consulter leur goût. Les animaux sauvages vivent constamment de la même façon. On ne les voit pas errer de climats en climats ; le bois où ils sont nés est une patrie à laquelle ils sont fidèlement attachés ; ils s'en éloignent rarement, et ne la quittent jamais que lorsqu'ils sentent qu'ils ne peuvent y vivre en sûreté. Et ce sont moins leurs ennemis qu'ils fuient que la présence de l'homme ; la nature leur a donné des moyens et des ressources contre les autres animaux ; ils sont de pair avec eux, ils connaissent leur force et leur adresse, ils jugent leurs desseins, leurs démarches ; et s'ils ne peuvent les éviter, au moins ils se défendent corps à corps : ce sont, en un mot, des espèces de leur genre. Mais que peuvent-ils contre des êtres qui savent les trouver sans les voir et les abattre sans les approcher ?

C'est donc l'homme qui les inquiète, qui les écarte, qui les disperse, et qui les rend mille fois plus sauvages qu'ils ne le seraient en effet ; car la plupart ne demandent que la tranquillité, la paix, et l'usage aussi modéré qu'innocent de l'air et de la terre ; ils sont même portés par la nature à demeurer ensemble, à se réunir en famille, à former des espèces de sociétés. On voit encore des vestiges de ces sociétés dans les pays dont l'homme ne s'est pas totalement emparé : on y voit même des ouvrages faits en commun, des espèces de projets, qui, sans être raisonnés, paraissent être fondés sur des convenances raisonnables, dont l'exécution suppose au moins l'accord, l'union et le concours de ceux qui s'en occupent ; et ce n'est point par force ou par nécessité physique, comme les fourmis, les abeilles, etc., que les castors travaillent et bâtissent ; car ils ne sont contraints ni par l'espace, ni par le temps, ni par le nombre ; c'est par choix qu'ils se réunissent : ceux qui se conviennent demeurent ensemble ; ceux qui ne se conviennent pas s'éloignent ; et l'on en voit quelques-uns qui, toujours rebutés par les autres, sont obligés de vivre solitaires. Ce n'est aussi que dans les pays reculés, éloignés, et où ils craignent peu la rencontre des hommes, qu'ils cherchent à s'établir et à rendre leur demeure plus fixe et plus commode, en y construisant des habitations, des espèces de bourgades, qui représentent assez bien les faibles travaux et les premiers efforts d'une république naissante. Dans les pays, au contraire, où les hommes se sont répandus, la terreur semble habiter avec eux : il n'y a plus de société parmi les animaux ; toute industrie cesse, tout art est étouffé : ils ne songent plus à bâtir, ils négligent toute commodité ; toujours pressés par la crainte et la nécessité, ils ne cherchent qu'à vivre, ils ne sont occupés qu'à fuir et se cacher ; et si, comme on doit le supposer, l'espèce humaine continue dans la suite des temps à peupler également toute la surface de la terre, on pourra, dans quelques siècles, regarder comme une fable l'histoire de nos castors.

On peut donc dire que les animaux, loin d'aller en augmentant, vont au contraire en diminuant de facultés et de talents ; le temps même travaille contre eux : plus l'espèce humaine se multiplie, se perfectionne, plus ils sentent le poids d'un empire aussi terrible qu'absolu, qui, leur laissant à peine leur existence individuelle, leur ôte tout moyen de liberté, toute idée de société, et détruit jusqu'au germe de leur intelligence. Ce qu'ils sont devenus, et ce qu'ils deviendront encore, n'indique peut-être pas assez ce qu'ils ont été ni ce qu'ils pourraient être. Qui sait, si l'espèce humaine était anéantie, auquel d'entre eux appartiendrait le sceptre de la terre?

LE CHAMEAU.

Les Arabes regardent le chameau comme un présent du ciel, un animal sacré, sans le secours duquel ils ne pourraient ni subsister, ni commercer, ni voyager. Le lait des chameaux fait leur nourriture ordinaire; ils en mangent aussi la chair, surtout celle des jeunes, qui est très bonne à leur goût; le poil de ces animaux, qui est fin et moelleux, et qui se renouvelle tous les ans par une mue complète, leur sert à faire les étoffes dont ils se vêtissent et se meublent; avec leurs chameaux, non-seulement ils ne manquent de rien, mais même ils ne craignent rien; ils peuvent mettre en un seul jour cinquante lieues de désert entre eux et leurs ennemis; toutes les armées du monde périraient à la suite d'une troupe d'Arabes; aussi ne sont-ils soumis qu'autant qu'il leur plaît. Qu'on se figure un pays sans verdure et sans eau, un soleil brûlant, un ciel toujours sec, des plaines sablonneuses, des montagnes encore plus arides sur lesquelles l'œil s'étend et le regard se perd sans pouvoir s'arrêter sur aucun objet vivant; une terre morte, et pour ainsi dire écorchée par les vents, laquelle ne présente que des ossements, des cailloux jonchés, des rochers debout ou renversés, un désert entièrement découvert où le voyageur n'a jamais respiré sous l'ombrage, où rien ne l'accompagne, rien ne lui rappelle la nature vivante : solitude absolue, mille fois plus affreuse que celle des forêss, car les arbres sont encore des êtres pour l'homme qui se voit seul. Plus isolé, plus dénué, plus perdu dans ces lieux vides et sans bornes, il voit partout l'espace comme son tombeau : la lumière du jour, plus triste que l'ombre de la nuit, ne renaît que pour éclairer sa nudité, son impuissance, et pour lui présenter l'horreur de sa situation, en reculant à ses yeux les barrières du vide, en étendant autour de lui l'abîme de l'immensité qui le sépare de la terre habitée : immensité qu'il tenterait en vain de parcourir, car la faim, la soif et la chaleur brûlante pressent tous les instants qui lui restent entre le désespoir et la mort.

Cependant l'Arabe, à l'aide du chameau, a su franchir et même s'approprier ces lacunes de la nature ; elles lui servent d'asile, elles assurent son repos et le maintiennent dans son indépendance. Mais de quoi les hommes savent-ils user sans abus ! Ce même Arabe, libre, indépendant, tranquille, et même riche, au lieu de respecter ces déserts comme les remparts de sa liberté, les souille par le crime : il les traverse pour aller chez des nations voisines enlever des esclaves et de l'or ; il s'en sert pour exercer son brigandage, dont malheureusement il jouit plus encore que de sa liberté ; car ses entreprises sont presque toujours heureuses : malgré la défiance de ses voisins et la supériorité de leurs forces, il échappe à leur poursuite et emporte impunément tout ce qu'il leur a ravi. Un Arabe qui se destine à ce métier de pirate de terre, s'endurcit de bonne heure à la fatigue des voyages ; il s'essaie à se passer du sommeil, à souffrir la faim, la soif, la chaleur ; en même temps il instruit ses chameaux, il les élève et les exerce dans cette même vue : peu de jours après leur naissance, il leur plie les jambes sous le ventre, il les contraint à demeurer à terre, et les charge, dans cette situation, d'un poids assez fort qu'il les accoutume à porter, et qu'il ne leur ôte que pour leur en donner un plus fort. Au lieu de les laisser paître à toute heure

et boire à leur soif, il commence par régler leurs re-
pas, et peu à peu les éloigne à de grandes distances, en
diminuant aussi la quantité de la nourriture : lorsqu'ils
sont un peu forts, il les exerce à la course ; il les excite
par l'exemple des chevaux, et parvient à les rendre
aussi légers et plus robustes : enfin, dès qu'il est sûr de
la force, de la légèreté et de la sobriété de ses chameaux, il les charge de ce qui est nécessaire à sa subsistance et à la leur ; il part avec eux, arrive, sans être
attendu, aux confins du désert, arrête les premiers pas-
sants, pille les habitations écartées, charge ses chameaux
de son butin ; et, s'il est poursuivi, s'il est forcé de pré-
cipiter sa retraite, c'est alors qu'il développe tous ses
talents et les leurs ; monté sur un des plus légers, il
conduit la troupe, la fait marcher jour et nuit, presque
sans s'arrêter, ni boire, ni manger ; il fait aisément trois
cents lieues en huit jours, et pendant tout ce temps de
fatigue et de mouvement, il laisse ses chameaux chargés,
il ne leur donne chaque jour qu'une heure de repos et
une pelote de pâte ; souvent ils courent neuf ou dix
jours sans trouver de l'eau : ils se passent de boire ; et
lorsque par hasard il se trouve une mare à quelque distance de leur route, ils sentent l'eau de plus d'une de-
mi-lieue, la soif qui les presse leur fait doubler le pas,
et ils boivent en une seule fois pour tout le temps passé
et pour tout autant de temps à venir ; car souvent leurs
voyages sont de plusieurs semaines, et leurs temps
d'abstinence durent aussi longtemps que leurs voyages.

En Turquie, en Perse, en Arabie, en Egypte, en Barbarie, etc., le transport des marchandises ne se fait que
par le moyen des chameaux ; c'est de toutes les voitures
la plus prompte et la moins chère. Les marchands et
autres passagers se réunissent en caravanes pour éviter
les insultes et les pirateries des Arabes ; ces caravanes

sont souvent très nombreuses et toujours composées de plus de chameaux que d'hommes; chacun de ces chameaux est chargé selon sa force : il la sent si bien lui-même que, quand on lui donne une charge trop forte, il la refuse et reste constamment couché jusqu'à ce qu'on l'ait allégée : ordinairement les grands chameaux portent un millier, et même douze cents pesant; les plus petits six à sept cents. Dans ces voyages de commerce on ne précipite pas leur marche : comme la route est souvent de sept à huit cents lieues, on règle leur mouvement et leurs journées; ils ne vont que le pas et font chaque jour dix ou douze lieues : tous les soirs on leur ôte leur charge et on les laisse paître en liberté : si l'on est en pays vert, dans une bonne prairie, ils prennent en moins d'une heure tout ce qu'il leur faut pour en vivre vingt-quatre, et pour ruminer pendant toute la nuit : mais rarement ils trouvent de ces bons pâturages, et cette nourriture délicate ne leur est pas nécessaire; ils semblent même préférer aux herbes les plus douces l'absinthe, le chardon, l'ortie, le genêt, la cassie, et les autres végétaux épineux; tant qu'ils trouvent des plantes à brouter, ils se passent aisément de boire.

Au reste, cette facilité qu'ils ont à s'abstenir long-temps de boire n'est pas de pure habitude, c'est plutôt un effet de leur conformation : il y a dans le chameau, indépendamment des quatre estomacs qui se trouvent d'ordinaire dans les animaux ruminants, une cinquième poche qui lui sert de réservoir pour conserver de l'eau; ce cinquième estomac manque aux autres animaux et n'appartient qu'au chameau; il est d'une capacité assez vaste pour contenir une grande quantité de liqueur; elle y séjourne sans s'y corrompre, et lorsque l'animal est pressé par la soif et qu'il a besoin de délayer les nourritures sèches et de les macérer par la rumination,

il fait remonter dans sa panse et jusqu'à l'œsophage
une partie de cette eau par une simple contraction des
muscles. C'est donc en vertu de cette conformation très
singulière que le chameau peut se passer plusieurs jours
de boire, et qu'il prend en une seule fois une prodigieuse quantité d'eau qui demeure saine et limpide dans
ce réservoir, parce que les liqueurs du corps ni les
sucs de la digestion ne peuvent s'y mêler.

Si l'on réfléchit sur les difformités, ou plutôt sur les
non-conformités de cet animal avec les autres, on ne
pourra douter que sa nature n'ait été considérablement
altérée par la contrainte de l'esclavage et par la continuité des travaux. Le chameau est plus anciennement,
plus complètement et plus laborieusement esclave qu'aucun des autres animaux domestiques : il l'est plus anciennement, parce qu'il habite les climats où les hommes se sont le plus anciennement policés ; il l'est plus
complètement, parce que dans les autres espèces d'animaux domestiques, telles que celles du cheval, du chien,
du bœuf, de la chèvre, du cochon, etc., on trouve encore des individus dans leur état de nature, des animaux
de ces mêmes espèces qui sont sauvages et que l'homme
ne s'est pas soumis : au lieu que dans le chameau l'espèce entière est esclave ; on ne le trouve nulle part dans
sa condition primitive d'indépendance et de liberté ;
enfin il est plus laborieusement esclave qu'aucun autre,
parce qu'on ne l'a jamais nourri ni pour le faste, comme
la plupart des chevaux, ni pour l'amusement, comme
presque tous les chiens, ni pour l'usage de la table,
comme le bœuf, le cochon, le mouton ; que l'on n'en a
jamais fait qu'une bête de somme qu'on ne s'est pas
même donné la peine d'atteler ni de faire tirer, mais
dont on a regardé le corps comme une voiture vivante
qu'on pouvait tenir surchargée, même pendant le som-

meil ; car lorsqu'on est pressé, on se dispense quelquefois de leur ôter le poids qui les accable, et sous lequel ils s'affaisent pour dormir, les jambes pliées et le corps appuyé sur l'estomac ; aussi portent-ils toutes les empreintes de la servitude et les stigmates de la douleur.

L'ÉLÉPHANT.

L'éléphant est, si nous voulons ne nous pas compter, l'être le plus considérable de ce monde ; il surpasse tous les animaux terrestres en grandeur, et il approche de l'homme par l'intelligence, autant au moins que la matière peut approcher de l'esprit. L'éléphant, le chien, le castor et le singe sont, de tous les êtres animés, ceux dont l'instinct est le plus admirable : mais cet instinct, qui n'est que le produit de toutes les facultés tant intérieures qu'extérieures de l'animal, se manifeste par des résultats bien différents dans chacune de ces espèces. Le chien est naturellement, et lorsqu'il est livré à lui seul, aussi sanguinaire que le loup ; seulement il s'est trouvé dans cette nature féroce un point flexible sur lequel nous avons appuyé. Le naturel du chien ne diffère donc de celui des autres animaux de proie que par ce point sensible, qui le rend susceptible d'affection et capable d'attachement ; c'est de la nature qu'il tient le germe de ce sentiment, que l'homme a cultivé, nourri, développé par une ancienne et constante société avec cet animal qui seul en était digne ; qui, plus susceptible, plus capable qu'un autre des impressions étrangères, a perfectionné dans le commerce toutes ces facultés relatives. Sa sensibilité, sa docilité, son courage, ses talents, tout, jusqu'à ses manières, s'est modifié par l'exemple, et modelé sur les qualités de son maître : l'on ne doit donc pas lui accorder en propre tout ce qu'il paraît avoir; ses qualités les plus relevées, les plus frappantes, sont empruntées de nous; il a plus d'acquis que les autres animaux, parce qu'il est plus à portée d'acquérir; que loin d'avoir comme eux de la répugnance pour l'homme, il a pour lui du penchant; que ce sentiment doux, qui n'est jamais muet, s'est annoncé par l'envie de plaire, et a produit la docilité, la fidélité, la soumission constante, et en même temps le degré d'attention nécessaire pour agir en conséquence et toujours obéir à propos.

Le singe est indocile autant qu'extravagant; sa nature est en tout point également revêche : nulle sensibilité relative, nulle reconnaissance des bons traitements, nulle mémoire des bienfaits; de l'éloignement pour la société de l'homme, de l'horreur pour la contrainte, du penchant à toute espèce de mal, ou, pour mieux dire, une forte propension à faire tout ce qui peut nuire ou déplaire. Mais ces défauts réels sont compensés par des perfections apparentes; il est extérieurement conformé comme l'homme : il a des bras, des mains, des doigts; l'usage seul de ces parties le rend supérieur pour l'adresse aux autres animaux, et les rapports qu'elles lui donnent avec nous par la similitude des mouvements et par la conformité des actions nous plaisent, nous déçoivent, et nous font attribuer à des qualités intérieures ce qui ne dépend que de la forme des membres.

Le castor, qui paraît être fort au-dessous du chien et du singe pour les facultés individuelles, a cependant reçu de la nature un don presque équivalent à celui de la parole : il se fait entendre à ceux de son espèce, et si bien entendre qu'ils se réunissent en société, qu'ils agissent de concert, qu'ils entreprennent et exécutent de grands et longs travaux en commun; et cet amour social, aussi bien que le produit de leur intelligence réciproque, ont plus de droit à notre admiration que l'adresse du singe et la fidélité du chien.

Le chien n'a donc que de l'esprit (qu'on me permette, faute de termes, de profaner ce nom); le chien, dis-je, n'a donc que de l'esprit d'emprunt; le singe n'en a que l'apparence; et le castor n'a du sens que pour lui seul et les siens. L'éléphant leur est supérieur à tous trois; il réunit leurs qualités les plus éminentes. La main est le principal organe du singe; l'éléphant, au moyen de sa trompe qui lui sert de bras et de main, et avec laquelle il peut enlever et saisir les plus petites choses comme les plus grandes, les porter à sa bouche, les poser sur son dos, les tenir embrassées, ou les lancer au loin, a donc le même moyen d'adresse que le singe, et en même temps il a la docilité du chien; il est comme lui susceptible de reconnaissance, et capable d'un fort attachement; il s'accoutume aisément à l'homme, se soumet moins par la force que par les bons traitements, le sert avec zèle, avec fidélité, avec intelligence, etc. Enfin l'éléphant, comme le castor, aime la société de ses semblables; on les voit souvent se rassembler, se disperser, agir de concert; et s'ils n'édifient rien, s'ils ne travaillent point en commun, ce n'est peut-être que faute d'assez d'espace et de tranquillité; car les hommes se sont très anciennement multipliés dans toutes les terres qu'habite l'éléphant : il vit donc dans l'inquiétude, et n'est nulle part paisible possesseur d'un espace assez grand, assez libre pour s'y établir à demeure. Nous avons vu qu'il faut toutes ces conditions et tous ces avantages pour que les talents du castor se manifestent, et que partout où les hommes se sont habitués, il perd son industrie et cesse d'édifier. Chaque être dans la nature a son prix réel et sa valeur relative; si l'on veut juger au juste de l'un et de l'autre dans l'éléphant, il faut lui accorder au moins l'intelligence du castor, l'adresse du singe, le sentiment du chien, et y ajouter ensuite les avantages particuliers, uniques, de la force, de la grandeur, et de la longue durée de la vie : il ne faut pas oublier ses armes ou ses défenses avec lesquelles il peut percer et vaincre le lion ; il faut se représenter que sous ses pas il ébranle la terre, que de sa main il arrache les arbres, que d'un coup de son corps il fait brèche dans un mur ; que, terrible par la force, il est encore invincible par la seule résistance de sa masse, par l'épaisseur du cuir qui la couvre ; qu'il peut porter sur son dos une tour armée en guerre et chargée de plusieurs hommes ; que seul il fait mouvoir des machines, et transporte des fardeaux que six chevaux ne pourraient remuer ; qu'à cette force prodigieuse il joint encore le courage, la prudence, le sang-froid, l'obéissance exacte ; qu'il conserve de la modération même dans ses passions les plus vives ; que dans la colère il ne méconnaît pas ses amis ; qu'il n'attaque jamais que ceux qui l'ont offensé ; qu'il se souvient des bienfaits aussi longtemps que des injures ; que, n'ayant nul goût pour la chair, et ne se nourrissant que de végétaux, il n'est pas né l'ennemi des autres animaux ; qu'enfin il est aimé de tous, puisque tous le respectent, et n'ont nulle raison de le craindre.

Dans l'état sauvage, l'éléphant n'est ni sanguinaire ni féroce ; il est d'un naturel doux, et jamais il ne fait abus de ses armes ou de sa force ; il ne les emploie, il ne les exerce que pour se défendre lui-même ou pour protéger ses semblables ; il a les mœurs sociales ; on le voit rarement errant ou solitaire ; il marche ordinairement de compagnie : le plus âgé conduit la troupe ; le second d'âge la fait aller et marche le dernier ; les jeunes et les faibles sont au milieu des autres ; les mères portent leurs petits et les tiennent embrassés de leur trompe ; ils ne gardent cet ordre que dans les marches périlleuses, lorsqu'ils vont paître sur les terres culti-vées ; ils se promènent ou voyagent avec moins de pré-caution dans les forêts ou dans les solitudes, sans cependant se séparer absolument, ni même s'écarter assez loin pour être hors de portée des secours et des aver-tissements : il y en a néanmoins quelques-uns qui s'éga-rent ou qui traînent après les autres ; ce sont les seuls que les chasseurs osent attaquer ; car il faudrait une petite armée pour assaillir la troupe entière, et l'on ne pourrait la vaincre sans perdre beaucoup de monde : il serait même très dangereux de leur faire la moindre injure ; ils vont droit à l'offenseur, et quoique la masse de leur corps soit très pesante, leur pas est si grand qu'ils atteignent aisément l'homme le plus léger à la course ; ils le percent de leurs défenses ou le saisissent avec la trompe, le lancent comme une pierre, et achè-vent de le tuer en le foulant aux pieds. Mais ce n'est que lorsqu'ils sont provoqués qu'ils font ainsi main-basse sur les hommes ; ils ne font aucun mal à ceux qui ne les cherchent pas : cependant, comme ils sont suscep-tibles et délicats sur le fait des injures, il est bon d'é-viter leur rencontre ; et les voyageurs qui fréquentent leur pays allument de grands feux la nuit, et battentde la caisse pour les empêcher d'approcher. On prétend que, lorsqu'ils ont été une fois attaqués par les hom-mes, ou qu'ils sont tombés dans quelque embûche, ils ne l'oublient jamais, et qu'ils cherchent à se venger en toute occasion. Comme ils ont l'odorat excellent, et peut-être plus parfait qu'aucun des animaux, à cause de la grande étendue de leur nez, l'odeur de l'homme les frappe de très loin ; ils pourraient aisément le suivre à la piste : les anciens ont écrit que les éléphants arrachent l'herbe des endroits où le chasseur a passé, et qu'ils se la donnent de main en main pour que tous soient informés du passage et de la marche de l'ennemi. Ces animaux aiment le bord des fleuves, les profondes vallées, les lieux ombragés et les terrains humides ; ils ne peuvent se passer d'eau, et la troublent avant que de la boire ; ils en remplissent souvent leur trompe, soit pour la porter à leur bouche, ou seulement pour se rafraîchir le nez, et s'amuser en la répandant à flots, ou l'aspergeant à la ronde : ils ne peuvent supporter le froid, et souffrent aussi de l'excès de la chaleur ; car, pour éviter la trop grande ardeur du soleil, ils s'enfoncent autant qu'ils peuvent dans la profondeur des forêts les plus sombres ; ils se mettent aussi assez souvent dans l'eau ; le volume énorme de leur corps leur nuit moins qu'il ne leur aide à nager : ils enfoncent moins dans l'eau que les autres animaux, et d'ailleurs la longueur de leur trompe qu'ils redressent en haut, et par laquelle ils respirent, leur ôte toute crainte d'être submergés.

Leurs aliments ordinaires sont des racines, des herbes, des feuilles et du bois tendre ; ils mangent aussi des fruits et des grains ; mais ils dédaignent la chair et le poisson : lorsque l'un d'entre eux trouve quelque part un pâturage abondant, il appelle les autres, et les invite à venir manger avec lui. Comme il leur faut une grande quantité de fourrage, ils changent souvent de lieu ; et lorsqu'ils arrivent à des terres ensemencées, ils y font un dégât prodigieux ; leur corps étant d'un poids énorme, ils écrasent et détruisent dix fois plus de plantes avec leurs pieds qu'ils n'en consomment pour leur nourriture, laquelle peut monter à cent cinquante livres d'herbe par jour ; n'arrivant jamais qu'en nombre, ils dévastent donc une campagne en une heure. Aussi les Indiens et les nègres cherchent tous les moyens de prévenir leur visite et de les détourner, en faisant de grands bruits, de grands feux autour de leurs terres cultivéses ; souvent, malgré ces précautions, les éléphants viennent s'en emparer, en chassent le bétail domestique, font fuir les hommes, et quelquefois renversent de fond en comble leurs minces habitations. Il est difficile de les épouvanter, et ils ne sont guère susceptibles de crainte : la seule chose qui les surprenne et puisse les arrêter, sont les feux d'artifice, les pétards qu'on leur lance, et dont l'effet subit et promptement renouvelé les saisit, et leur fait quelquefois rebrousser chemin. On vient très rarement à bout de les séparer les uns des autres, car ordinairement ils prennent tous ensemble le même parti d'attaquer, de passer indifféremment, ou de fuir.

LE CHEVREUIL.

Le cerf, comme le plus noble des habitants des bois, occupe dans les forêts les lieux ombragés par les cimes élevées des plus hautes futaies : le chevreuil, comme étant d'une espèce inférieure, se contente d'habiter sous des lambris plus bas, se tient ordinairement dans le feuillage épais des plus jeunes taillis ; mais s'il a moins de noblesse, moins de force, et beaucoup moins de hauteur de taille, il a plus de grâce, plus de vivacité, et même plus de courage que le cerf ; il est plus gai, plus leste, plus éveillé ; sa forme est plus arrondie, plus élégante, et sa figure plus agréable ; ses yeux surtout sont plus beaux, plus brillants, et paraissent animés d'un sentiment plus vif, ses membres sont plus souples, ses mouvements plus prestes, et il bondit sans effort, avec autant de force que de légèreté. Sa robe est toujours propre, son poil est net et lustré ; il ne se roule jamais dans la fange comme le cerf ; il ne se plaît que dans les pays les plus élevés, les plus secs, où l'air est le plus pur ; il est encore plus rusé, plus adroit à se dérober, plus difficile à suivre, il a plus de finesse, plus de ressources d'instinct : car, quoiqu'il ait le désavantage mortel de laisser après lui des impressions plus fortes, et qui donnent au chien plus d'ardeur et plus de véhémence d'appétit que l'odeur du cerf, il ne laisse pas de savoir se soustraire à leur poursuite par la rapidité de sa première course et par ses détours multipliés : il n'attend pas pour employer la ruse que la force lui manque ; dès qu'il sent, au contraire, que les premiers efforts d'une fuite rapide ont été sans succès, il revient sur ses pas, retourne, revient encore ; et lorsqu'il a confondu par ses mouvements opposés la direction de l'aller avec celle du retour, lorsqu'il a mêlé les émanations présentes avec les émanations passées, il se sépare de la terre par un bond, et, se jetant à côté, il se met ventre à terre, et laisse, sans bouger, passer près de lui la troupe entière de ses ennemis ameutés.

Il diffère du cerf et du daim par le naturel, par le tempérament, par les mœurs, et aussi par presque toutes les habitudes de nature : au lieu de se mettre en bandes comme eux, et de marcher par grandes troupes, il demeure en famille ; le père, la mère et les petits vont ensemble, et on ne les voit jamais s'associer avec des étrangers.

LE ZÈBRE.

Le zèbre est peut-être, de tous les animaux quadrupedes, le mieux fait et le plus élégamment vêtu : il a la figure et les grâces du cheval, la légèreté du cerf, et la robe rayée de rubans noirs et blancs, disposés alternativement avec tant de régularité et de symétrie, qu'il semble que la nature ait employé la règle et le compas ponr le peindre : ces bandes alternatives de noir et de blanc sont d'autant plus singulières, qu'elles sont étroites, parallèles, et très exactement séparées, comme dans une étoffe rayée : que d'ailleurs elles s'étendent non-seulement sur le corps, mais sur la tête, sur les cuisses et les jambes, et jusque sur les oreilles et la queue ; en sorte que de loin cet animal paraît comme s'il était environné partout de bandelettes qu'on aurait pris plaisir et employé beaucoup d'art à disposer régulièrement sur toutes les parties de son corps ; elles en suivent les contours, et en marquent si avantageusement la forme, qu'elles en dessinent les muscles en s'élargissant plus ou moins sur les parties plus ou moins charnues et plus ou moins arrondies. Dans la femelle, ces bandes sont alternativement noires et blanches ; dans le mâle, elle sont noires et jaunes : mais toujours d'une nuance vive et brillante sur un poil court, fin et fourni, dont le lustre augmente encore la beauté des couleurs. Le zèbre est en général plus petit que le cheval et plus grand que l'âne ; et quoiqu'on l'ait souvent comparé à ces deux animaux, qu'on l'ait même appelé *cheval sauvage* et *âne rayé*, il n'est la copie ni de l'un ni de l'autre, et serait plutôt leur modèle, si dans la nature tout n'était pas également original, et si chaque espèce n'avait pas un droit égal à la création.

LE RENNE.

Le renne **est** devenu domestique chez le dernier des

peuples; les Lapons n'ont pas d'autre bétail. Dans ce climat glacé, qui ne reçoit du soleil que des rayons obliques, où la nuit a sa saison comme le jour, où la neige couvre la terre dès le commencement de l'automne jusqu'à la fin du printemps, où la ronce, le genièvre et la mousse font seuls la verdure de l'été, l'homme pouvait-il espérer de nourrir des troupeaux? Le cheval, le bœuf, la brebis, tous nos autres animaux utiles, ne pouvant y trouver leur subsistance ni résister à la rigueur du froid, il a fallu chercher, parmi les hôtes des forêts, l'espèce la moins sauvage et la plus profitable; les Lapons ont fait ce que nous ferions nous-mêmes si nous venions à perdre notre bétail : il faudrait bien alors, pour y suppléer, apprivoiser les cerfs, les chevreuils de nos bois, et les rendre animaux domestiques ; et je suis persuadé qu'on en viendrait facilement à bout, et qu'on saurait bientôt en tirer autant d'utilité que les Lapons en tirent de leurs rennes. Nous devons sentir par cet exemple jusqu'où s'étend pour nous la libéralité de la nature; nous n'usons pas à beaucoup près de toutes les richesses qu'elle nous offre, le fonds en est plus immense que nous ne l'imaginons : elle nous a donné le cheval, le bœuf, la brebis, tous nos autres animaux domestiques, pour nous servir, nous nourrir, nous vêtir ; et elle a encore des espèces de réserve qui pourraient suppléer à leur défaut, et qu'il ne tiendrait qu'à nous d'assujétir et de faire servir à nos besoins. L'homme ne sait pas assez ce que peut la nature, ni ce qu'il peut sur elle : au lieu de la rechercher dans ce qu'il ne connaît pas, il aime mieux en abuser dans tout ce qu'il en connaît.

En comparant les avantages que les Lapons tirent du renne apprivoisé avec ceux que nous retirons de nos animaux domestiques, on verra que cet animal en vaut seul deux ou trois; on s'en sert, comme du cheval, pour tirer des traîneaux, des voitures; il marche avec bien plus de diligence que de légèreté, fait aisément trente lieues par jour, et court avec autant d'assurance sur la neige gelée que sur une pelouse. La femelle donne du lait plus substantiel et plus nourrissant que celui de la vache; la chair de cet animal est très bonne à manger, son poil fait une excellente fourrure, et la peau tannée devient un cuir très souple et très durable; ainsi le renne donne seul tout ce que nous tirons du cheval, du bœuf et de la brebis.

Le bois du renne, beaucoup plus grand et plus étendu, et divisé en un bien plus grand nombre de rameaux que celui du cerf, est une espèce de singularité admirable et monstrueuse : la nourriture de cet animal pendant l'hiver est une mousse blanche qu'il sait trouver sous les neiges épaisses, en les fouillant avec son bois et les détournant avec ses pieds; en été, il vit de boutons et de feuilles d'arbres plutôt que d'herbes, que les rameaux de son bois avancés en avant ne lui permettent pas de brouter aisément : il court sur la neige et enfonce peu à cause de la largeur de ses pieds... Ces animaux sont doux : on en fait des troupeaux qui rapportent beaucoup de profit à leur maître; le lait, la peau, les nerfs, les os, les cornes des pieds, les bois, le poil, la chair, tout en est bon et utile.

LE SANGLIER.

On appelle, en terme de chasse, bêtes de compagnie, les sangliers qui n'ont pas passé trois ans, parce que jusqu'à cet âge ils ne se séparent point les uns des autres, et qu'ils suivent tous leur mère commune : ils ne vont seuls que quand ils sont assez forts pour ne plus

craindre les loups. Ces animaux forment donc d'eux-
mêmes des espèces de troupes, et c'est de là que dépend leur sûreté; lorsqu'ils sont attaqués, ils résistent
par le nombre, ils se secourent, se défendent; les plus
gros font face en se pressant en rangs les uns contre les
autres, et en mettant les plus petits au centre. Les cochons domestiques se défendent aussi de la même manière, et l'on n'a pas besoin de chien pour les garder;
mais comme ils sont indociles et durs, un homme agile
et robuste n'en peut guère conduire que cinquante. En
automne et en hiver, on les mène dans les forêts où les
fruits sauvages sont abondants; l'été on les conduit
dans des lieux humides et marécageux, où ils trouvent
des vers et des racines en quantité; et au printemps on
les laisse aller dans les champs et sur les terres en fri-
che. On les fait sortir deux fois par jour, depuis le mois
de mars jusqu'au mois d'octobre; on les laisse paître
depuis le matin, après que la rosée est dissipée, jusqu'à
dix heures, et depuis deux heures après midi jusqu'au
soir. En hiver, on ne les mène qu'une fois par jour dans
les beaux temps; la rosée, la neige et la pluie leur sont
contraires : lorsqu'il survient un orage ou seulement
une pluie abondante, il est assez ordinaire de les voir
déserter les uns après les autres, et s'enfuir en courant
et toujours criant jusqu'à la porte de leur étable. Les
plus jeunes sont ceux qui crient le plus et le plus haut :
ce cri est différent de leur grognement ordinaire, c'est
un cri de douleur semblable aux premiers cris qu'ils
jettent lorsqu'on les garotte pour les égorger. Le mâle
crie moins que la femelle. Il est rare d'entendre le sanglier jeter un cri, si ce n'est lorsqu'il se bat et qu'un
autre le blesse : la laie crie plus souvent; et quand ils
sont surpris et effrayés subitement, ils soufflent avec
tant de violence, qu'on les entend à une grande distance.

Quoique ces animaux soient fort gourmands, ils n'attaquent ni ne dévorent pas, comme les loups, les autres animaux : cependant ils mangent quelquefois de la chair corrompue. On a vu des sangliers manger de la chair de cheval, et nous avons trouvé dans leur estomac de la peau de chevreuil et des pattes d'oiseaux ; mais c'est peut-être plutôt nécessité qu'instinct. Cependant on ne peut nier qu'ils ne soient avides de sang et de chair sanguinolente et fraîche, puisque les cochons mangent leurs petits, et même des enfants au berceau : dès qu'ils trouvent quelque chose de succulent, d'humide, de gras et d'onctueux, ils le lèchent et finissent bientôt par l'avaler. J'ai vu plusieurs fois un troupeau de ces animaux s'arrêter, à leur retour des champs, autour d'un morceau de terre glaise nouvellement tirée : tous léchaient cette terre, qui n'était que très légèrement onctueuse, et quelques-uns en avalaient une assez grande quantité. Leur gourmandise est, comme l'on voit, aussi grossière que leur naturel est brutal : ils n'ont aucun sentiment bien distinct ; les petits reconnaissent à peine leur mère, ou du moins sont fort sujets à se méprendre, et à téter la première truie qui leur laisse saisir ses mamelles. La crainte et la nécessité donnent apparemment un peu plus de sentiment et d'instinct aux cochons sauvages : il semble que les petits soient fidèlement attachés à leur mère, qui paraît aussi plus attentive à leurs besoins que la truie domestique.

LE SINGE.

Le singe ressemble plus à l'homme par le corps et les membres que par l'usage qu'il en fait ; en l'observant avec attention, on s'apercevra aisément que ses mouvements sont brusques, intermittents, précipités, et que pour les comparer à ceux de l'homme, il faudrait leur supposer une autre échelle, ou plutôt un modèle différent. Toutes les actions du singe tiennent de son éducation, qui est purement animale; elles nous paraissent ridicules, inconséquentes, extravagantes, parce que nous nous trompons d'échelle en les rapportant à nous, et que l'unité qui doit leur servir de mesure est très différente de la nôtre. Comme sa nature est vive, son tempérament chaud, son naturel pétulant, qu'aucune de ses affections n'a été mitigée par l'éducation, toutes ses habitudes sont excessives et ressemblent beaucoup plus aux mouvements d'un maniaque qu'aux actions d'un homme, ou même d'un animal tranquille. C'est par la même raison que nous le trouvons indocile, et qu'il reçoit difficilement les habitudes qu'on voudrait lui transmettre; il est insensible aux caresses et n'obéit qu'aux châtiments; on peut le tenir en captivité, mais non pas en domesticité. Toujours triste et revêche, toujours répugnant, grimaçant, on le dompte plutôt qu'on ne le prive; aussi l'espèce n'a jamais été domestique nulle part; et par ce rapport il est plus éloigné des hommes que la plupart des animaux, car la docilité suppose quelque analogie entre celui qui donne et celui qui reçoit : c'est une qualité relative qui ne peut être exercée que lorsqu'il se trouve, des deux parts, un certain nombre de facultés communes, qui ne diffèrent entre elles que parce qu'elles sont actives dans le maître et passives dans le sujet. Or le passif du singe a moins de rapport avec l'actif de l'homme que le passif du chien ou de l'éléphant, qu'il suffit de bien traiter pour leur communiquer les sentiments doux et même délicats de l'attachement fidèle, de l'obéissance volontaire, du service gratuit et du dévouement sans réserve.

LE CASTOR.

Autant l'homme s'est élevé au-dessus de l'état de nature, autant les animaux se sont abaissés au-dessous ; soumis et réduits en servitude, ou traités comme rebelles et dispersés par la force, leurs sociétés se sont évanouies, leur industrie est devenue stérile, leurs faibles arts ont disparu, chaque espèce a perdu ses qualités générales, et tous n'ont conservé que leurs propriétés individuelles, perfectionnées dans les uns par l'exemple, l'imitation, l'éducation, dans les autres par la crainte et par la nécessité où ils sont de veiller continuellement à leur sûreté. Quelles vues, quels desseins, quels projets peuvent avoir des esclaves sans âme, ou des relégués sans puissance ? Ramper ou fuir, et toujours exister d'une manière solitaire ; ne rien édifier, ne rien produire, ne rien transmettre, et toujours languir dans la calamité, déchoir, se perpétuer sans se multiplier, perdre en un mot par la durée autant et plus qu'ils n'avaient acquis par le temps.

Aussi ne reste-t-il quelques vestiges de leur merveilleuse industrie que dans ces contrées éloignées et désertes, ignorées de l'homme pendant une longue suite de siècles, où chaque espèce pouvait manifester en liberté ses talents naturels et les perfectionner dans le repos en se réunissant en société durable. Les castors sont peut-être le seul exemple qui subsiste comme un ancien monument de cette espèce d'intelligence des brutes qui, quoique infiniment inférieure par son principe à celle de l'homme, suppose cependant des projets communs et des vues relatives ; projets qui, ayant pour base la société et pour objet une digue à construire, une bourgade à élever, une espèce de république à fonder, supposent aussi une manière quelconque de s'entendre et d'agir de concert.

Les castors, dira-t-on, sont parmi les quadrupèdes ce que les abeilles sont parmi les insectes. Quelle différence ! il y a dans la nature, telle qu'elle nous est parvenue, trois espèces de sociétés qu'on doit considérer avant de les comparer : la société libre de l'homme, de laquelle après Dieu il tient toute sa puissance ; la société gênée des animaux, toujours fugitive devant celle de l'homme ; et enfin la société forcée de quelques petites bêtes, qui, naissant toutes en même temps dans le même lieu, sont contraintes d'y demeurer ensemble. Un individu pris solitairement, et au sortir des mains de la nature, n'est qu'un être stérile, dont l'industrie se borne au simple usage des sens ; l'homme lui-même, dans l'état de pure nature, dénué de lumières et de tous les secours de la société, ne produit rien, n'édifie rien. Toute société, au contraire, devient nécessairement féconde, quelque fortuite, quelque aveugle qu'elle puisse être, pourvu qu'elle soit composée d'êtres de même nature : par la seule nécessité de se chercher ou de s'éviter, il s'y formera des mouvements communs, dont le résultat sera souvent un ouvrage qui aura l'air d'avoir été conçu, conduit et exécuté avec intelligence. Ainsi l'ouvrage des abeilles, qui dans un lieu donné, tel qu'une ruche où le creux d'un vieux arbre, bâtissent chacune leur cellule ; l'ouvrage des mouches de Cayenne, qui non-seulement font aussi leurs cellules, mais construisent même la ruche qui les doit contenir, sont des travaux purement mécaniques qui ne supposent aucune intelligence, aucun projet concerté, aucune vue générale ; des travaux qui, n'étant que le produit d'une nécessité physique, un résultat de mouvements communs, s'exercent toujours de la même façon, dans tous les temps et dans tous les lieux, par une multitude qui n'est point assemblée par choix, mais qui se trouve réunie par la force de la nature. Ce n'est donc pas la société, c'est le nombre seul qui opère ici; c'est une puissance aveugle qu'on ne peut comparer à la lumière qui dirige toute société : je ne parle point de cette lumière pure, de ce rayon divin, qui n'a été départi qu'à l'homme seul; les castors en sont assurément privés, comme tous les autres animaux : mais leur société, n'étant point une réunion forcée, se faisant au contraire par une espèce de choix, et supposant au moins un concours général et des vues communes dans ceux qui la composent, suppose au moins aussi une lueur d'intelligence qui, quoique très différente de celle de l'homme par le principe, produit cependant des effets assez semblables pour qu'on puisse les comparer, non pas dans la société plénière et puissante, telle qu'elle existe parmi les peuples anciennement policés, mais dans la société naissante, chez des hommes sauvages, laquelle seule peut, avec équité, être comparée à celle des animaux.

Voyons donc le produit de l'une et de l'autre de ces sociétés, voyons jusqu'où s'étend l'art du castor, et où se borne celui du sauvage. Rompre une branche pour s'en faire un bâton, se bâtir une hutte, la couvrir de feuillages pour se mettre à l'abri, amasser de la mousse ou du foin pour se faire un lit, sont des actes communs à l'animal et au sauvage : les ours font des huttes; les singes ont des bâtons; plusieurs autres animaux se pratiquent un domicile propre, commode, impénétrable à l'eau. Frotter une pierre pour la rendre tranchante et s'en faire une hache, s'en servir pour couper, pour écorcer du bois, pour aiguiser des flèches, pour creuser un vase, écorcher un animal pour se vêtir de sa peau, en prendre les nerfs pour faire une corde d'arc, attacher ces mêmes nerfs à une épine dure, et se servir de tous deux comme de fil et d'aiguille, sont des actes purement individuels que l'homme en solitude peut tous exécuter sans être aidé des autres, des actes qui dépendent de sa seule conformation, puisqu'ils ne supposent que l'usage de la main ; mais couper et transporter un gros arbre, élever un carbet, construire une pirogue, sont au contraire des opérations qui supposent nécessairement un travail commun et des vues concertées. Ces ouvrages sont aussi les seuls résultats de la société naissante chez des nations sauvages, comme les ouvrages des castors sont les fruits de la société perfectionnée parmi ces animaux : car il faut observer qu'ils ne songent point à bâtir, à moins qu'ils n'habitent un pays libre, et qu'ils n'y soient parfaitement tranquilles. Il y a des castors en Languedoc, dans les îles du Rhône, il y en a un plus grand nombre dans les provinces du nord de l'Europe ; mais comme toutes ces contrées sont habitées, ou du moins fort fréquentées par les hommes, les castors y sont, comme tous les autres animaux, dispersés, solitaires, fugitifs, ou cachés dans un terrier ; on ne les a jamais vu se réunir, se rassembler, ni rien entreprendre, ni rien construire ; au lieu que dans ces terres désertes où l'homme en société n'a pénétré que bien tard, et où l'on ne voyait auparavant que quelques vestiges de l'homme sauvage, on a partout trouvé des castors réunis, formant des sociétés, et l'on n'a pu s'empêcher d'admirer leurs ouvrages.

L'ÉCUREUIL.

L'écureuil est un joli petit animal qui n'est qu'à demi sauvage, et qui, par sa gentillesse, par sa docilité, par l'innocence même de ses mœurs, mériterait d'être épargné ; il n'est ni carnassier ni nuisible, quoiqu'il saisisse quelquefois des oiseaux : sa nourriture ordinaire est des fruits, des amandes, des noisettes, de la faîne et du gland ; il est propre, leste, vif, très alerte, très éveillé, très industrieux ; il a les yeux pleins de feu, la physionomie fine, le corps nerveux, les membres très dispos : sa jolie figure est encore rehaussée, parée par une belle queue en forme de panache, qu'il relève jusque dessus sa tête, et sous laquelle il se met à l'ombre ; il est, pour ainsi dire, moins quadrupède que les autres ; il se tient ordinairement assis presque debout, et se sert de ses pieds de devant comme d'une main, pour porter à sa bouche : au lieu de se cacher sous terre, il est toujours en l'air ; il approche des oiseaux par sa légèreté ; il demeure comme eux sur la cime des arbres, parcourt les forêts en sautant de l'un à l'autre, y fait son nid, cueille les graines, boit la rosée, et ne descend à terre que quand les arbres sont agités par la violence des vents. On ne le trouve point dans les champs, dans les lieux découverts, dans les pays de plaines ; il n'approche jamais des habitations, il ne reste point dans les taillis, mais dans les bois de hauteur, sur les vieux arbres des plus belles futaies. Il craint l'eau plus encore que la terre, et l'on assure que, lorsqu'il faut la passer, il se sert d'une écorce pour vaisseau, et de sa queue pour voile et gouvernail. Il ne s'engourdit pas comme le loir pendant l'hiver, il est en tout temps très éveillé ; et pour peu que l'on touche au pied de l'arbre sur lequel il repose, il sort de sa petite bauge, fuit sur un autre arbre, ou se cache à l'abri d'une branche. Il ramasse des noisettes pendant l'été, en remplit les troncs, les fentes d'un vieux arbre, et a recours en hiver à sa provision ; il les cherche aussi sous la neige, qu'il détourne en grattant. Il a la voix éclatante, et plus perçante encore que celle de la fouine ; il a de plus un murmure à bouche fermée, un petit grognement de mécontentement qu'il fait entendre toutes les fois qu'on l'irrite. Il est trop léger pour marcher ; il va ordinairement par de petits sauts, et quelquefois par bonds ; il a les ongles si pointus, et les mouvements si prompts, qu'il grimpe en un instant sur un hêtre dont l'écorce est fort lisse.

On entend les écureuils, pendant les belles nuits d'été, crier en courant sur les arbres les uns après les autres ; ils semblent craindre l'ardeur du soleil ; ils demeurent pendant le jour à l'abri dans leur domicile, dont ils sortent le soir pour s'exercer, jouer, courir et manger ; ce domicile est propre, chaud et impénétrant à la pluie ; c'est ordinairement sur l'enfourchure d'un arbre qu'ils l'établissent : ils commencent par transporter des bûchettes qu'ils mêlent, qu'ils entrelacent avec de la mousse ; ils la serrent ensuite, ils la foulent et donnent assez de capacité et de solidité à leur ouvrage pour y être à l'aise et en sûreté avec leurs petits ; il n'y a qu'une ouverture vers le haut, juste, étroite, et qui suffit à peine pour passer ; au-dessus de l'ouverture est une espèce de couvert en cône qui met le tout à l'abri, et fait que la pluie s'écoule par les côtés, et ne pénètre pas. Ils muent au sortir de l'hiver ; le poil nouveau est plus roux que celui qui tombe. Ils se peignent, ils se polissent avec les mains et les dents : ils n'ont aucune mauvaise odeur ; leur chair et assez bonne à manger.

LE HÉRISSON.

Le renard sait beaucoup de choses, le hérisson n'en sait qu'une grande, disaient proverbialement les anciens.

Il sait se défendre sans combattre, et blesser sans attaquer : n'ayant que peu de force, et nulle agilité pour
fuir, il a reçu de la nature une armure épineuse, avec
la faculté de se resserrer en boule, et de présenter de
tous côtés des armes défensives, poignantes, et qui re-
butent ses ennemis : plus ils le tourmentent, plus il se
hérisse et se resserre. Il se défend encore par l'effet
même de la peur ; il lâche son urine dont l'odeur et
l'humidité, se répandant sur tout son corps, achève de
les dégoûter. Aussi la plupart des chiens se contentent
de l'aboyer, et ne se soucient pas de le saisir : cependant
il y en a quelques-uns qui trouvent moyen, comme le
renard, d'en venir à bout en se piquant les pieds et se
mettant la gueule en sang ; mais il ne craint ni la fouine,
ni la martre, ni le putois, ni le furet, ni la belette, ni
les oiseaux de proie.

LE LIÈVRE.

Cet animal a la tête courte et ronde, la lèvre supérieure fendue dans le milieu : ses paupières sont trop
courtes pour pouvoir couvrir commodément ses yeux et
les fermer exactement dans le sommeil, ce qui a fait
dire qu'il dormait les yeux ouverts. Son œil est grand
est saillant, il voit mieux de côté et même en arrière
que devant ; ses oreilles sont longues, très mobiles,
propres pour entendre de loin le moindre bruit : il s'en
sert aussi comme de gouvernail pour diriger la vélocité
de sa course, qui est si rapide, qu'il devance aisément
tous les autres animaux. Il a le cou étroit, les jambes
de derrière plus longues que celles de devant, ce qui
lui donne plus de facilité pour monter que pour descendre ; aussi quand il est poursuivi, commence-t-il

toujours à gagner les hauteurs. Il a la voix faible ; on ne l'entend guère que lorsqu'il est pris ou blessé. Le dessous de ses pieds est velu comme le dessus ; sa queue est extrêmement courte. Il a tout le corps couvert d'un poil doux, épais, presque ras, d'un roux varié de gris et noirâtre, à la réserve du ventre qui est blanc. Sa bouche est garnie de poils intérieurement.

Parmi les lièvres, les uns habitent les montagnes, les autres les plaines, d'autres les lieux humides et marécageux. Les lièvres de montagnes surpassent les autres par la taille, par l'épaisseur du poil et leur ton rembruni, ainsi que par la bonté de leur chair. Ceux des plaines excellent par la légèreté et la vitesse de leur course. Enfin ceux des marécages sont les plus paresseux et les plus méprisés, parce qu'ils passent pour être sujets à la ladrerie ; aussi cette viande, comme celle du porc, est-elle défendue aux Mahométans et aux Juifs. La durée de la vie de ces animaux est de sept à huit, et même dix ans ; on attribue une plus longue vie aux mâles. Les deux sexes se nourrissent de grains, de plantes aromatiques, telles que la marjolaine et le serpolet. Ils trouvent aussi de leur goût toutes sortes de plantes laiteuses, comme chicorée, laitue sauvage, laiteron, choux, légumes, fruits, grains en herbe, trèfle, luzerne, etc. A leur défaut, quand la terre est couverte de neige, ils rongent les écorces d'arbres et d'arbrisseaux, notamment dans les pépinières, où ils font quelquefois beaucoup de dommages, si l'on n'a pas la précaution de revêtir de paille la tige des jeunes arbres. Le lièvre est naturellement peureux ; le bruit d'une feuille qui tombe ou que le vent agite le met en alarme : son instinct ne le porte pas à faire un terrier qui lui servirait de retraite dans le mauvais temps, ou lorsqu'il est poursuivi ; sa seule ressource, dans ce cas, consiste seulement à se blottir entre deux mottes de terre, ou simplement dans un sillon ; étant de la couleur de la terre, il échappe quelquefois ; mais le plus souvent il ne doit son salut qu'à son caractère inquiet et défiant, à la finesse de l'organe de son ouïe et à la rapidité de sa course.

LE RAT.

Le rat, la souris, le mulot, le rat d'eau, le campagnol, le loir, le lérot, le muscardin, le musaraigne, beaucoup d'autres que je ne cite point parce qu'ils sont étrangers à notre climat, forment autant d'espèces distinctes et séparées, mais assez peu différentes pour pouvoir en quelque sorte se suppléer et faire que, si l'une d'entre elles venait à manquer, le vide en ce genre serait à peine sensible ; c'est ce grand nombre d'espèces voisines qui a donné l'idée des genres aux naturalistes ; idée que l'on ne peut employer qu'en ce sens, lorsqu'on ne voit les objets qu'en gros, mais qui s'évanouit dès qu'on l'applique à la réalité, et qu'on vient à considérer la nature en détail.]

Les hommes ont commencé par donner différents noms aux choses qui leur ont paru distinctement différentes, et en même temps ils ont fait des dénominations générales pour tout ce qui leur paraissait à peu près semblable. Chez les peuples grossiers et dans toutes les langues naissantes, il n'y a presque que des noms généraux, c'est-à-dire des expressions vagues et informes de choses du même ordre et cependant très différentes entre elles ; un chêne, un hêtre, un tilleul, un sapin, un if, un pin, n'auront d'abord eu d'autre nom que celui d'*arbre* ; ensuite le chêne, le hêtre, le tilleul, se

seront tous trois appelés *chênes* lorsqu'on les aura dis-
tingués du sapin, du pin, de l'if, qui tous trois se seront appelés *sapins*. Les noms particuliers ne sont venus
qu'à la suite de la comparaison et de l'examen détaillé
qu'on a fait de chaque espèce de choses : on a augmenté le nombre de ces noms à mesure qu'on a plus
étudié et mieux connu la nature ; plus on l'examinera,
plus on la comparera, plus il y aura de noms propres et
de dénominations particulières. Lorsqu'on nous la présente donc aujourd'hui par des dénominations générales, c'est-à-dire par des genres, c'est nous renvoyer à
l'A B C de toute connaissance, et rappeler les ténèbres
de l'enfance des hommes : l'ignorance a fait les genres,
la science a fait et fera les noms propres, et nous ne
craindrons pas d'augmenter le nombre des dénominations particulières toutes les fois que nous voudrons
désigner des espèces différentes.

L'on a compris et confondu sous ce nom générique
de *Rat* plusieurs espèces de petits animaux ; nous ne
donnerons ce nom qu'au rat commun, qui est noirâtre
et qui habite dans les maisons : chacune des autres espèces aura sa détermination particulière, parce que, ne
se mêlant point ensemble, chacune est différente de toutes les autres. Le rat est assez connu par l'incommodité qu'il nous cause ; il habite ordinairement les greniers où l'on serre les fruits, et de là descend et se
répand dans la maison. Il est carnassier, et même om-
nivore ; il semble seulement préférer les choses dures
aux plus tendres ; il ronge la laine, les étoffes, les
meubles, perce le bois, fait des trous dans les murs,
se loge dans l'épaisseur du plancher, dans les vides de
la charpente ou de la boiserie ; il en sort pour trouver
sa subsistance, et souvent il y transporte tout ce qu'il
peut traîner ; il y fait quelquefois magasin, surtout lors-

qu'il a des petits. Il produit plusieurs fois par an, presque toujours en été ; les portées ordinaires sont de cinq ou six ; il cherche les lieux chauds, et se niche en hiver auprès des cheminées ou dans le foin, dans la paille. Malgré les chats, le poison, les piéges, les appâts, ces animaux pullulent si fort, qu'ils causent souvent de grands dommages : c'est surtout dans les vieilles maisons, à la campagne, où on garde du blé dans les greniers, et où le voisinage des granges et des magasins à foin facilite leur retraite et leur multiplication, qu'ils sont en si grand nombre qu'on serait obligé de démeubler, de déserter, s'ils ne se détruisaient eux-mêmes ; mais nous avons vu par expérience qu'ils se tuent, qu'ils se mangent entre eux pour peu que la faim les presse ; en sorte que, quand il y a disette à cause du trop grand nombre, les plus forts se jettent sur les plus faibles, leur ouvrent la tête et mangent d'abord la cervelle, et ensuite le reste du cadavre ; le lendemain la guerre recommence, et dure ainsi jusqu'à la destruction du plus grand nombre : c'est par cette raison qu'il arrive ordinairement qu'après avoir été infesté de ces animaux pendant un temps, ils semblent souvent disparaître tout-à-coup, et quelquefois pour longtemps. Il en est de même des mulots, dont la pullulation prodigieuse n'est arrêtée que par les cruautés qu'ils exercent entre eux, dès que les vivres commencent à leur manquer. Aristote a attribué cette destruction subite à l'effet des pluies ; mais les rats n'y sont point exposés, et les mulots savent s'en garantir, car les trous qu'ils habitent sous terre ne sont pas même humides.

LA SOURIS.

La souris, plus petite que le rat, est aussi plus commune et plus généralement répandue : elle a le même instinct, le même tempérament, le même naturel, et n'en diffère guère que par la faiblese et les habitudes qui l'accompagnent. Timide par nature, familière par nécessité, la peur ou le besoin font tous ses mouvements ; elle ne sort de son trou que pour chercher à vivre ; elle ne s'en écarte guère, y rentre à la première alerte ; ne va pas, comme le rat, de maisons en maisons, à moins qu'elle n'y soit forcée, fait aussi beaucoup moins de dégât, a les mœurs plus douces, et s'apprivoise jusqu'à un certain point, mais sans s'attacher : comment aimer en effet ceux qui nous dressent des embûches ? plus faible, elle a plus d'ennemis auxquels elle ne peut échapper, ou plutôt se soustraire, que par son agilité, sa petitesse même. Les chouettes, tous les oiseaux de nuit, les chats, les fouines, les belettes, les rats mêmes lui font la guerre : on l'attire, on la leurre aisément par des appâts, on la détruit à milliers ; elle ne subsiste enfin que par son immense fécondité.

DES ANIMAUX CARNASSIERS.

Les animaux qui par leur grandenr figurent dans l'univers ne font que la plus petite partie des substances vivantes : la terre fourmille de petits animaux ; chaque plante, chaque graine, chaque particule de matière organique contient des milliers d'atomes animés. Les végétaux paraissent être le premier fonds de la nature ; mais ce fonds de subsistance, tout inépuisable

qu'il est, suffirait à peine au nombre encore plus abondant d'insectes de toute espèce. Leur pullulation, tout
aussi nombreuse, et souvent plus prompte que la reproduction des plantes, indique assez combien ils sont
surabondants, car les plantes ne se reproduisent que
tous les ans ; il faut une saison entière pour en former
la graine ; au lieu que dans les insectes, et surtout dans
les plus petites espèces, comme celle des pucerons, une
seule saison suffit à plusieurs générations. Ils multiplie-
raient donc beaucoup plus que les plantes, s'ils n'étaient
détruits par d'autres animaux dont ils paraissent être
la pâture naturelle, comme les graines et les herbes
semblent être la nourriture préparée pour eux-mêmes.
Aussi, parmi les insectes, y en a-t-il beaucoup qui ne
vivent que d'autres insectes ; il y en a même quelques
espèces, qui, comme les araignées, dévorent indifféremment les autres espèces et la leur ; tous servent de
pâture aux oiseaux, et les oiseaux domestiques et sauvages nourrissent l'homme ou deviennent la proie des
animaux carnassiers.

Ainsi la mort violente est un usage presque aussi
nécessaire que la loi de la mort naturelle ; ce sont deux
moyens de destruction et de renouvellement, dont l'un
sert à en entretenir la jeunesse perpétuelle de la nature, et dont l'autre maintient l'ordre de ses productions et peut limiter le nombre dans les espèces. Tous
deux sont des effets dépendants des causes générales ;
chaque individu qui naît tombe de lui-même au bout
d'un temps ; ou lorsqu'il est prématurément détruit par
les autres, c'est qu'il était surabondant. Eh ! combien
n'y en a-t-il pas de supprimés d'avance ! Que de fleurs
moissonnées au printemps ! Que de races éteintes au
moment de leur naissance ! Que de germes anéantis
avant le développement ! L'homme et les animaux car-

nassiers ne vivent que d'individus tout formés, ou d'individus près de l'être ; la chair, les œufs, les graines, les germes de toute espèce, sont leur nourriture ordinaire ; cela peut seul borner l'exubérance de la nature. Que l'on considère un instant quelqu'une de ces espèces inférieures qui servent de pâture aux autres, celle des harengs par exemple ; ils viennent par milliers s'offrir à nos pêcheurs ; et après avoir nourri tous les monstres de mers du Nord, ils fournissent encore à la subsistance de tous les peuples de l'Europe pendant une partie de l'année. Quelle pullulation prodigieuse parmi ces animaux ! Et s'ils n'étaient en grande partie détruits par les autres, quels seraient les effets de cette immense multiplication ? Eux seuls couvriraient la surface entière de la mer ; mais bientôt, se nuisant par le nombre, ils se corrompraient, ils se détruiraient eux-mêmes ; faute de nourriture suffisante leur fécondité diminuerait : la contagion et la disette feraient ce que fait la consommation ; le nombre de ces animaux ne serait guère augmenté, et le nombre de ceux qui s'en nourrissent serait diminué. Et comme l'on peut dire la même chose de toutes les autres espèces, il est donc nécessaire que les unes vivent sur les autres, et dès lors la mort violente des animaux est un usage légitime, innocent, puisqu'il est fondé dans la nature et qu'ils ne naissent qu'à cette condition.

LE TIGRE.

Dans la classe des animaux carnassiers, le lion est le premier, le tigre est le second ; et comme le premier, même dans un mauvais genre, est toujours le plus grand et souvent le meilleur, le second est ordinairement le plus méchant de tous. A la fierté, au courage, à la force, le lion joint la noblesse, la clémence, la magnanimité, tandis que le tigre est bassement féroce, cruel sans justice, c'est-à-dire sans nécessité. Il en est de même dans tout ordre de choses où les rangs sont donnés par la force : le premier, qui peut tout, est moins tyran que l'autre, qui, ne pouvant jouir de la puissance plénière, s'en venge en abusant du pouvoir qu'il a pu s'arroger. Aussi le tigre est-il plus à craindre que le lion : celui-ci oublie souvent qu'il est le roi, c'est-à-dire le plus fort de tous les animaux ; marchant d'un pas tranquille, il n'attaque jamais l'homme, à moins qu'il ne soit provoqué ; il ne précipite ses pas, il ne court, il ne chasse que quand la faim le presse. Le tigre, au contraire, quoique rassasié de chair, semble toujours altéré de sang ; sa fureur n'a d'autres intervalles que ceux du temps qu'il faut pour dresser des embûches ; il saisit et déchire une nouvelle proie avec la même rage qu'il vient d'exercer, et non pas d'assouvir, en dévorant la première ; il désole le pays qu'il habite ; il ne craint ni l'aspect ni les armes de l'homme ; il égorge, il dévaste les troupeaux d'animaux domestiques, met à mort toutes les bêtes sauvages, attaque les petits éléphants, les jeunes rhinocéros, et quelquefois même ose braver le lion.

La forme du corps est ordinairement d'accord avec le naturel. Le lion a l'air noble, la hauteur de ses jambes est proportionnée à la longueur de son corps, l'épaisse et grande crinière qui couvre ses épaules et ombrage sa face, son regard assuré, sa démarche grave, tout semble annoncer sa fière et majestueuse intrépidité : le tigre, trop long de corps, trop bas sur ses jambes, la tête nue, les yeux hagards, la langue couleur de sang, toujours hors de la gueule, n'a que les caractères de la basse méchanceté et de l'insatiable cruauté ; il n'a pour tout instinct qu'une rage constante, une fureur aveugle qui ne connaît, qui ne distingue rien, et qui lui fait souvent dévorer ses propres enfants, et déchirer leur mère lorsqu'elle veut les défendre. Que ne l'eût-il à l'excès cette soif de son sang! ne pût-il l'éteindre qu'en détruisant, dès leur naissance, la race entière des monstre qu'il produit!

LE LION.

Dans l'espèce humaine, l'influence du climat ne se marque que par des variétés assez légères, parce que cette espèce est une, et qu'elle est très distinctement séparée des autres espèces; l'homme, blanc en Europe, noir en Afrique, jaune en Asie, et rouge en Amérique, n'est que le même homme, teint de la couleur du climat; comme il est fait pour régner sur la terre, que le globe entier est son domaine, il semble que sa nature se soit prêtée à toutes les situations. Sous les feux du midi, dans les glaces du nord, il vit, il multiplie, il se trouve partout si anciennement répandu, qu'il ne paraît affecter aucun climat particulier. Dans les animaux, au contraire, l'influence du climat est plus forte et se marque par des caractères plus sensibles, parce que les espèces sont diverses, et que leur nature est infiniment moins perfectionnée, moins étendue que celle de l'homme. Non-seulement les variétés dans chaque espèce sont plus nombreuses et plus marquées que dans l'espèce humaine, mais les différences mêmes des espèces semblent dépendre des différents climats; les unes ne peuvent se propager que dans les pays chauds, les autres ne peuvent subsister que dans les climats froids; le lion n'a jamais habité les régions du nord, le renne ne s'est jamais trouvé dans les contrées du midi; il n'y a peut-être aucun animal dont l'espèce soit, comme celle de l'homme, généralement répandue sur toute la surface de la terre : chacun a son pays, sa patrie naturelle, dans laquelle chacun est retenu par nécessité physique : chacun est fils de la terre qu'il habite, et c'est dans ce sens qu'on doit dire que tel ou tel animal est originaire de tel climat.

Dans les pays chauds les animaux terrestres sont plus grands et plus forts que dans les pays froids ou tempérés ; ils sont aussi plus hardis, plus féroces ; toutes leurs qualités naturelles semblent tenir de l'ardeur du climat. Le lion, né sous le soleil brûlant de l'Afrique ou des Indes, est le plus fort, le plus fier, le plus terrible de tous ; nos loups, nos autres animaux carnassiers, loin d'être ses rivaux, seraient à peine dignes d'être ses pourvoyeurs. Les lions d'Amérique, s'ils méritent ce nom, sont comme le climat, infiniment plus doux que ceux de l'Afrique ; et ce qui prouve évidemment que l'excès de la férocité vient de l'excès de la chaleur, c'est que, dans le même pays, ceux qui habitent les hautes montagnes, où l'air est plus tempéré, sont d'un naturel différent de ceux qui demeurent dans les plaines, où la chaleur est extrême. Les lions du mont Atlas, dont la cime est quelquefois couverte de neige, n'ont ni la hardiesse, ni la force, ni la férocité des lions du Bilédulgérid ou du Zaara, dont les plaines sont couvertes de sables brûlants. C'est surtout dans ces déserts ardents que se trouvent ces lions terribles qui sont l'effroi des voyageurs et le fléau des provinces voisines : heureusement l'espèce n'en est pas très nombreuse ; il paraît même qu'elle diminue tous les jours ; car, de l'aveu de ceux qui ont parcouru cette partie de l'Afrique, il ne s'y trouve pas actuellement autant de lions, à beaucoup près, qu'il y en avait autrefois. Les

Romains, dit M. Shaw, tiraient de la Libye, pour l'usage des spectacles, cinquante fois plus de lions qu'on ne pourrait y en trouver aujourd'hui. On a remarqué de même qu'en Turquie, en Perse et dans l'Inde, les lions sont maintenant beaucoup moins communs qu'ils ne l'étaient anciennement ; et comme ce puissant et courageux animal fait sa proie de tous les autres animaux, et n'est lui-même la proie d'aucun, on ne peut attribuer la diminution de quantité dans son espèce qu'à l'augmentation du nombre dans celle de l'homme ; car il faut avouer que la force de ce roi des animaux ne tient pas contre l'adresse d'un Hottentot ou d'un Nègre, qui souvent osent l'attaquer tête à tête avec des armes assez légères. Le lion n'ayant d'autres ennemis que l'homme, et son espèce se trouvant aujourd'hui réduite à la cinquantième, ou, si l'on veut, à la dixième partie de ce qu'elle était autrefois, il en résulte que l'espèce humaine, au lieu d'avoir souffert une diminution considérable depuis le temps des Romains (comme bien des gens le prétendent), s'est au contraire augmentée, étendue, et plus nombreusement répandue, même dans les contrées comme la Libye, où la puissance de l'homme paraît avoir été plus grande dans ce temps, qui était à peu près le siècle de Carthage, qu'elle ne l'est dans le siècle présent de Tunis et d'Alger.

L'industrie de l'homme augmente avec le nombre; celle des animaux reste toujours la même : toute les espèces nuisibles, comme celle du lion, paraissent être reléguées et réduites à un petit nombre, non-seulement parce que l'homme est devenu partout plus nombreux, mais aussi parce qu'il est devenu plus habile, et qu'il a su se fabriquer des armes terribles auxquelles rien ne peut résister : heureux s'il n'eût jamais combiné le fer et le feu que pour la destruction des lions et des tigres !

Cette supériorité de nombre et d'industrie dans l'homme, qui brise la force du lion, en énerve aussi le courage : cette qualité, quoique naturelle, s'exalte ou se tempère dans l'animal, suivant l'usage heureux ou malheureux qu'il a fait de sa force. Dans les vastes déserts du Zaara, dans ceux qui semblent séparer deux races d'hommes très différentes, les Nègres et les Maures, entre le Sénégal et les extrémités de la Mauritanie, dans les terres inhabitées qui sont au-dessus du pays des Hottentots, en général dans toutes les parties méridionales de l'Afrique et de l'Asie, où l'homme a dédaigné d'habiter, les lions sont encore en assez grand nombre, et sont tels que la nature les produit. Accoutumés à mesurer leurs forces avec tous les animaux qu'ils rencontrent, l'habitude de les vaincre les rend intrépides et terribles ; ne connaissant pas la puissance de l'homme, ils n'en ont nulle crainte ; n'ayant pas éprouvé la force de ses armes, ils semblent le braver ; les blessures les irritent, mais sans les effrayer ; ils ne sont pas même déconcertés à l'aspect du grand nombre ; un seul de ces lions du désert attaque souvent une caravane entière ; et lorsqu'après un combat opiniâtre et violent il se sent affaibli, au lieu de fuir il continue de battre en retraite, en faisant toujours face et sans jamais tourner le dos. Les lions au contraire qui habitent aux environs des villes et des bourgades de l'Inde et de la Barbarie, ayant connu l'homme et la force de ses armes, ont perdu leur courage au point d'obéir à sa voix menaçante, de n'oser l'attaquer, de ne se jeter que sur le menu bétail, et enfin de s'enfuir en se laissant poursuivre par des femmes ou par des enfants, qui leur font, à coups de bâton, quitter prise et lâcher indignement la proie.

Ce changement, cet adoucissement dans le naturel du lion, indique assez qu'il est susceptible des impressions qu'on lui donne, et qu'il doit avoir assez de docilité pour s'apprivoiser jusqu'à un certain point, et pour recevoir une espèce d'éducation ; aussi l'histoire nous parle de lions attelés à des chars de triomphe, de lions conduits à la guerre ou menés à la chasse, et qui, fidèles à leur maître, ne déployaient leur force et leur courage que contre ses ennemis. Ce qu'il y a de très sûr, c'est que le lion, pris jeune et élevé parmi les animaux domestiques, s'accoutume aisément à vivre et même à jouer innocemment avec eux ; qu'il est doux pour ses maîtres, et même caressant, surtout dans le premier âge ; et que, si sa férocité naturelle paraît quelquefois, il la tourne rarement contre ceux qui lui ont fait du bien. Comme ses mouvements sont très impétueux et ses appétits fort véhéments, on ne doit pas présumer que les impressions de l'éducation puissent toujours les balancer ; aussi y aurait-il quelque danger à lui laisser souffrir trop longtemps la faim, ou à le contrarier hors de propos ; non-seulement il s'irrite des mauvais traitements, mais il en garde le souvenir, et paraît en méditer la vengence, comme il conserve aussi la mémoire et la reconnaissance des bienfaits. Je pourrais citer ici un grand nombre de faits particuliers, dans lesquels j'avoue que j'ai trouvé quelque exagération, mais qui cependant sont assez fondés pour prouver au moins que sa colère est noble, son courage magnanime, son naturel sensible. On l'a vu souvent dédaigner de petits ennemis, mépriser leurs insultes et leur pardonner des libertés offensantes ; on l'a vu, réduit en captivité, s'ennuyer sans s'aigrir, prendre au contraire des habitudes douces, obéir à son maître, flatter la main qui le nourrit, donner quelquefois la vie à ceux qu'on avait dévoués à la mort en les lui jetant pour proie, et, comme s'il se fût attaché par cet acte généreux, leur continuer ensuite la même protection, vivre tranquillement avec eux, leur faire part de sa subsistance, se la laisser même quelquefois enlever tout entière, et souffrir plutôt la faim que de perdre le fruit de son premier bienfait.

A toutes ces belles qualités individuelles, le lion joint aussi la noblesse de l'espèce; j'entends par espèces nobles dans la nature celles qui sont constantes, invariables, et qu'on ne peut soupçonner de s'être dégradées : ces espèces sont ordinairement isolées et seules de leur genre; elles sont distinguées par des caractères si tranchés, qu'on ne peut ni les méconnaître, ni les confondre avec aucune des autres.

Le lion, lorsqu'il a faim, attaque de face tous les animaux qui se présentent; mais comme il est très redouté, et que tous cherchent à éviter sa rencontre, il est souvent obligé de se cacher et de les attendre au passage; il se tapit sur le ventre dans un endroit fourré, d'où il s'élance avec tant de force qu'il les saisit souvent du premier bond : dans les déserts et les forêts, sa nourriture la plus ordinaire sont les gazelles et les singes, quoiqu'il ne prenne ceux-ci que lorsqu'ils sont à terre, car il ne grimpe pas sur les arbres comme le tigre ou le puma : il mange beaucoup à la fois, et se remplit pour deux ou trois jours; il a les dents si fortes, qu'il brise aisément les os, et il les avale avec la chair.

La démarche ordinaire du lion est fière, grave et lente, quoique toujours oblique : sa course ne se fait pas par des mouvements égaux, mais par sauts et par bonds, et ses mouvements sont si brusques qu'il ne peut s'arrêter à l'instant, et qu'il passe presque toujours son but : lorsqu'il saute sur sa proie, il fait un bond de douze ou quinze pieds, tombe dessus, la saisit avec les pattes de devant, la déchire avec les ongles, et ensuite la dévore avec les dents. Tant qu'il est jeune et qu'il a de la légèreté, il vit du produit de sa chasse, et quitte rarement ses déserts et ses forêts, où il trouve assez d'animaux sauvages pour subsister aisément; mais lorsqu'il devient vieux, pesant, et moins propre à l'exercice de la chasse, il s'approche des lieux fréquentés et devient plus dangereux pour l'homme et pour les animaux domestiques; seulement on a remarqué que, lorsqu'il voit des hommes et des animaux ensemble, c'est toujours sur les animaux qu'il se jette, et jamais sur les hommes, à moins qu'ils ne le frappent; car alors il reconnaît à merveille celui qui vient de l'offenser, et quitte sa proie pour se venger. On prétend qu'il préfère la chair du chameau à celle de tous les autres animaux; il aime aussi beaucoup celle des jeunes éléphants; ils ne peuvent lui résister lorsque leurs défenses n'ont pas encore poussé, et il en vient aisément à bout, à moins que la mère n'arrive à leur secours. L'éléphant, le rhinocéros, le tigre, l'hippopotame, sont les seuls animaux qui puissent résister au lion.

Dans ces animaux, toutes les passions, même les plus douces, sont excessives, et l'amour maternel est extrême. La lionne, naturellement moins forte, moins courageuse et plus tranquille que le lion, devient terrible dès qu'elle a des petits; elle se montre alors avec encore plus de hardiesse que le lion, elle ne reconnaît point le danger, elle se jette indifféremment sur les hommes et sur les animaux qu'elle rencontre, elle les met à mort, se charge ensuite de sa proie, la porte et la partage à ses lionceaux, auxquels elle apprend de bonne heure à sucer le sang et à déchirer la chair. D'ordinaire elle met bas dans des lieux très écartés et de difficile accès, et lorsqu'elle craint d'être découverte, elle cache ses traces en retournant plusieurs fois sur ses pas, ou bien elle les efface avec sa queue ; quelquefois même, lorsque l'inquiétude est grande, elle transporte ailleurs ses petits, et quand on veut les lui enlever, elle devient furieuse et les défend jusqu'à la dernière extrémité.

LA PANTHÈRE.

La panthère a l'air féroce, l'œil inquiet, le regard cruel, les mouvements brusques, et le cri semblable à celui d'un dogue en colère ; elle a même la voix plus forte et plus rauque que le chien irrité ; elle a la langue rude et très rouge, les dents fortes et pointues, les ongles aigus et durs, la peau belle, d'un fauve plus ou moins foncé, semée de taches noires arrondies en anneaux ou réunies en forme de roses, le poil court, la queue marquée de grandes taches noires au-dessus, et d'anneaux noirs et blancs vers l'extrémité. La panthère est de la taille et de la tournure d'un dogue de forte race, mais moins haute de jambes.

L'HYÈNE.

Cet animal sauvage et solitaire demeure dans les cavernes des montagnes, dans les fentes des rochers ou dans les tanières qu'il se creuse lui-même sous terre : il est d'un naturel féroce, et, quoique pris tout petit, il ne s'apprivoise pas ; il vit de proie comme le loup, mais il est plus fort et paraît plus hardi ; il attaque quelquefois les hommes, il se jette sur le bétail, suit de près les troupeaux, et souvent rompt dans la nuit les portes des étables et les clôtures des bergeries : ses yeux brillent dans l'obscurité, et l'on prétend qu'il voit mieux la nuit que le jour. Si l'on en croit tous les naturalistes, son cri ressemble aux sanglots d'un homme qui vomirait avec effort, ou plutôt aux mugissements du veau, comme le dit Kœmpfer, témoin auriculaire.

L'hyène se défend du lion, ne craint pas la panthère, attaque l'once, lequel ne peut lui résister ; lorsque la proie lui manque, elle creuse la terre avec les pieds, et en tire par lambeaux les cadavres des animaux et des hommes, que dans les pays qu'elle habite on enterre également dans les champs. On la trouve dans presque tous les climats chauds de l'Afrique et de l'Asie, et il paraît que l'animal appelé *farasse* à Madagascar, qui ressemble au loup par la figure, mais qui est plus grand, plus fort et plus cruel, pourrait bien être l'hyène.

LE LOUP.

Le loup, tant à l'extérieur qu'à l'intérieur, ressemble si fort au chien, qu'il paraît être modelé sur la même forme ; cependant il n'offre tout au plus que le revers de l'empreinte, et ne présente les mêmes caractères que sous une face entièrement opposée : si la forme est semblable, ce qui en résulte est bien contraire ; le naturel est si différent, que non-seulement ils sont incompatibles, mais antipathiques par nature, ennemis par instinct. Un jeune chien frissonne au premier aspect du loup ; il fuit à l'odeur seule, qui, quoique nouvelle, inconnue, lui répugne si fort, qu'il vient en tremblant se ranger entre les jambes de son maître : un mâtin qui connaît ses forces se hérisse, s'indigne, l'attaque avec courage, tâche de le mettre en fuite, et fait tous ses efforts pour se délivrer d'une présence qui lui est odieuse ; jamais ils ne se rencontrent sans se fuir ou sans combattre, et combattre à outrance jusqu'à ce que la mort suive. Si le loup est le plus fort, il déchire, dévore sa proie ; le chien, au contraire, plus généreux, se contente de la victoire, et ne trouve pas que *le corps d'un ennemi mort sente bon ;* il l'abandonne pour servir de pâture aux corbeaux, et même aux autres loups, car ils s'entre-dévorent ; et lorsqu'un loup est grièvement blessé, les autres le suivent au sang, et s'attroupent pour l'achever.

Le chien, même sauvage, n'est pas d'un naturel farouche ; il s'apprivoise aisément, s'attache, et demeure fidèle à son maître. Le loup, pris jeune, se prive, mais ne s'attache point : la nature est plus forte que l'éducation ; il reprend avec l'âge son caractère féroce, et retourne dès qu'il le peut à son état sauvage. Les chiens, même les plus grossiers, cherchent la compagnie des autres animaux ; ils sont naturellement portés à les suivre, à les accompagner, et c'est par instinct seul, et non par éducation, qu'ils savent conduire et garder les troupeaux. Le loup est au contraire l'ennemi de toute société ; il ne fait pas même compagnie à ceux de son espèce : lorsqu'on les voit plusieurs ensemble, ce n'est point une société de paix, c'est un attroupement de guerre qui se fait à grand bruit avec des hurlements affreux, et qui dénote un projet d'attaquer quelque gros animal, comme un cerf, un bœuf, ou de se défaire de quelque redoutable mâtin. Dès que leur expédition militaire est consommée, ils se séparent et retournent en silence à leur solitude.

Le loup a beaucoup de force, surtout dans les parties antérieures du corps, dans les muscles du cou et de la mâchoire. Il porte avec sa gueule un mouton, sans le laisser toucher à terre, et court en même temps plus vite que les bergers ; en sorte qu'il n'y a que les chiens qui puissent l'atteindre et lui faire lâcher prise. Il mord cruellement, et toujours avec d'autant plus d'acharnement qu'on lui résiste moins ; car il prend des précautions avec ceux qui peuvent se défendre. Il craint pour lui, et ne se bat que par nécessité, et jamais par un mouvement de courage : lorsqu'on le tire et que la balle lui casse quelque membre, il crie ; et cependant, lorsqu'on l'achève à coups de bâton, il ne se plaint pas comme le chien ; il est plus dur, moins sensible, plus robuste ; il marche, court, rôde des jours entiers et des nuits ; il est infatigable, et c'est peut-être de tous les animaux le plus difficile à forcer à la course. Le chien est doux et courageux ; le loup, quoique féroce, est timide. Lorsqu'il tombe dans un piége, il est si fort et si longtemps épouvanté, qu'on peut le tuer sans qu'il se défende, ou même le prendre vivant sans qu'il résiste ; on peut lui mettre un collier, l'enchaîner, le museler, le conduire ensuite partout où l'on veut, sans qu'il ose donner le moindre signe de colère, ou même de mécontentement. Le loup a les sens très bons, l'œil, l'oreille, et surtout l'odorat ; il sent souvent de plus loin qu'il ne voit ; l'odeur du carnage l'attire de plus d'une lieue ; il sent aussi de loin les animaux vivants, il les chasse même assez longtemps en les suivant aux portées. Lorsqu'il veut sortir des bois, jamais il ne manque de prendre le vent ; il s'arrête sur la lisière, évente de tous côtés, et reçoit ainsi les émanations des corps morts ou vivants que le vent lui apporte de loin. Il préfère la chair vivante à la chair morte, et cependant il dévore les voiries les plus infectes. Il aime la chair humaine, et peut-être, s'il était le plus fort, n'en mangerait-il pas d'autre. On a vu des loups suivre les armées, arriver en nombre à des champs de bataille où l'on n'avait enterré que négligemment les corps, les découvrir, les dévorer avec une insatiable avidité ; et ces mêmes loups, accoutumés à la chair humaine, se jeter ensuite sur les hommes, attaquer le berger plutôt que le troupeau, dévorer des femmes, emporter des enfants, etc. L'on a appelé ces mauvais loups *loups-garoux,* c'est-à-dire loups dont il faut se garer.

Désagréable en tout, la mine basse, l'aspect sauvage, la voix effrayante, l'odeur insupportable, le naturel pervers, les mœurs féroces, le loup est odieux, nuisible de son vivant, inutile après sa mort.

L'OURS.

L'ours est non-seulement sauvage, mais solitaire : il fuit par instinct toute société, il s'éloigne des lieux où les hommes ont accès, il ne se trouve à son aise que dans les endroits qui appartiennent encore à la vieille nature. Une caverne antique dans des rochers inaccessibles, une grotte formée par le temps dans le tronc d'un vieux arbre au milieu d'une épaisse forêt, lui servent de domicile ; il s'y retire seul, y passe une partie de l'hiver sans provisions, sans sortir pendant plusieurs semaines. Cependant il n'est point engourdi ni privé de sentiment, comme le loir ou la marmotte ; mais comme il est naturellement gras, et qu'il l'est excessivement sur la fin de l'automne, temps auquel il se recèle, cette abondance de graisse lui fait supporter l'abstinence, et il ne sort de sa bauge que lorsqu'il se sent affamé. Le mâle et la femelle n'habitent point ensemble. Lorsqu'ils ne peuvent trouver une grotte pour se gîter, ils cassent et ramassent du bois pour se faire une loge, qu'ils recouvrent d'herbes et de feuilles au point de la rendre impénétrable à l'air.

La voix de l'ours est un grondement, un gros murmure, souvent mêlé d'un frémissement de dents qu'il fait surtout entendre lorsqu'on l'irrite ; il est susceptible de colère, et sa colère tient toujours de la fureur, et souvent du caprice : quoiqu'il paraisse doux pour son maître, et même obéissant lorsqu'il est apprivoisé, il faut toujours s'en défier, et le traiter avec circonspection, surtout ne pas le frapper au bout du nez. On lui apprend à se tenir debout, à gesticuler, à danser ; il semble même écouter le son des instruments, et suivre grossièrement la mesure ; mais, pour lui donner cette espèce d'éducation, il faut le prendre jeune, et le contraindre pendant toute sa vie ; l'ours qui a de l'âge ne s'apprivoise ni ne se contraint plus ; il est naturellement intrépide, ou tout au moins indifférent au danger. L'ours sauvage ne se détourne pas de son chemin, ne fuit pas à l'aspect de l'homme ; cependant on prétend que, par un coup de sifflet, on le surprend, on l'étonne au point qu'il s'arrête et se lève sur les pieds de derrière. C'est le temps qu'il faut prendre pour le tirer et tâcher de le tuer ; car, s'il n'est que blessé, il vient de furie se jeter sur le tireur, et l'embrassant des pattes de devant, il l'étoufferait s'il n'était secouru.

LE RENARD.

Le renard est fameux par ses ruses, et mérite en partie sa réputation : ce que le loup ne fait que par force, il le fait par adresse, et réussit plus souvent. Sans chercher à combattre les chiens ni les bergers, sans attaquer les troupeaux, sans traîner les cadavres, il est plus sûr de vivre. Il emploie plus d'esprit que de mouvement ; ses ressources semblent être en lui-même ; ce sont, comme l'on sait, celles qui manquent le moins. Fin autant que circonspect, ingénieux et prudent, même jusqu'à la patience, il varie sa conduite, il a des moyens de réserve qu'il sait n'employer qu'à propos. Il veille de près à sa conservation ; quoique aussi infatigable, et même plus léger que le loup, il ne se fie pas entièrement à la vitesse de sa course ; il sait se mettre en sûreté en se pratiquant un asile où il se retire dans les dangers pressants, où il s'établit, où il élève ses petits : il n'est point animal vagabond, mais animal domicilié.

Le renard a les sens aussi bons que le loup, le sentiment plus fin, et l'organe de la voix plus souple et plus parfait.

Le loup ne se fait entendre que par des hurlements affreux ; le renard glapit, aboie, et pousse un son triste, semblable au cri du paon ; il a des tons différents selon les sentiments différents dont il est affecté ; il a la voix de la chasse, l'accent du désir, le son du murmure, le ton plaintif de la tristesse, le cri de la douleur, qu'il ne fait jamais entendre qu'au moment où il reçoit un coup de feu qui lui casse quelque membre ; car il ne crie point pour toute autre blessure, et il se laisse tuer à coups de bâton, comme le loup, sans se plaindre ; mais toujours en se défendant avec courage. Il mord dangereusement, opiniâtrément, et l'on est obligé de se servir d'un ferrement ou d'un bâton pour le faire démordre. Son glapissement est une espèce d'aboiement qui se fait par des sons semblables et très précipités. C'est ordinairement à la fin du glapissement qu'il donne un coup de voix plus fort, plus élevé, et semblable au cri du paon. En hiver, surtout pendant la neige et la gelée, il ne cesse de donner de la voix, et il est au contraire presque muet en été. C'est dans cette saison que son poil tombe et se renouvelle ; l'on fait peu de cas de la peau des jeunes renards ou des renards pris en été. La chair du renard est moins mauvaise que celle du loup ; les chiens et même les hommes en mangent en automne, surtout lorsqu'il s'est nourri et engraissé de raisins ; sa peau d'hiver fait de bonnes fourrures. Il a le sommeil profond, on l'approche aisément sans l'éveiller : lorsqu'il dort, il se met en rond comme les chiens ; mais lorsqu'il ne fait que se reposer, il étend les jambes de derrière, et demeure étendu sur le ventre ; c'est dans cette posture qu'il épie les oiseaux le long des haies. Ils ont pour lui une si grande antipathie, que, dès qu'ils l'aperçoivent, ils font un petit cri d'avertissement : les geais, les merles surtout, le conduisent du haut des arbres, répètent souvent le petit cri d'avis, et le suivent quelquefois à plus de deux cents pas.

LA FOUINE.

La fouine a la physionomie très fine, l'œil vif, le saut léger, les membres souples, le corps flexible, tous les mouvements prestes ; elle saute et bondit plutôt qu'elle ne marche ; elle grimpe aisément contre les murailles qui ne sont pas bien enduites, entre dans les colombiers, les poulaillers, et mange les œufs, les pigeons, les poules, en tue quelquefois un grand nombre et les porte à ses petits : elle prend aussi les souris, les rats, les taupes, les oiseaux dans leurs nids. Nous en avons élevé une que nous avons gardée longtemps ; elle s'apprivoise à un certain point ; mais elle ne s'attache pas, et demeure toujours assez sauvage pour qu'on soit obligé de la tenir enchaînée : elle faisait la guerre aux chats ; elle se jetait aussi sur les poules dès qu'elle se trouvait à portée ; elle s'échappait souvent, quoique attachée par le milieu du corps ; les premières fois, elle ne s'éloignait guère, et revenait au bout de quelques heures, mais sans marquer de la joie, sans attachement pour personne ; elle demandait cependant à manger, comme le chat et le chien. Peu après elle fit des absences plus longues, et enfin ne revint plus. Elle avait alors un an et demi, l'âge apparemment où la nature avait pris le dessus. Elle mangeait de tout ce qu'on lui donnait, excepté de la salade et des herbes ; elle aimait beaucoup le miel, et préférait le chenevis à toutes les autres graines. On a remarqué qu'elle buvait fréquemment, qu'elle dormait quelquefois deux jours de suite, et qu'elle était aussi quelquefois deux ou trois jours sans dormir ; qu'avant le sommeil, elle se mettait en rond, cachait sa tête et l'enveloppait de sa queue ; que tant qu'elle ne dormait pas elle était dans un mouvement continuel, si violent et si incommode, que quand même elle ne se serait pas jetée sur les volailles, on aurait été obligé de l'attacher pour l'empêcher de tout briser.

LE LÉOPARD.

C'est le nom qu'on a mal à propos appliqué à la grande panthère, et que nous emploierons, comme l'ont fait plusieurs voyageurs, pour désigner l'animal du Sénégal dont il est ici question. Il est un peu plus grand que l'once, mais beaucoup moins que la panthère, n'ayant guère que quatre pieds et demi. Le fond du poil, sur le dos et sur les côtés du corps, est d'une couleur fauve plus ou moins foncée ; le dessous du ventre est blanchâtre ; les taches sont en anneaux ou en roses, mais ces anneaux sont beaucoup plus petits que ceux de la panthère ou de l'once, et la plupart sont composés de quatre ou cinq petites taches pleines : il y a aussi de ces taches pleines disposées irrégulièrement.

FIN.

Limoges. — Imp. F. F. Ardant frères.